圖解

五南圖書出版公司 印行

UML系統分析與設計

余顯強 / 編著

閱讀文字

理解內容

觀看圖表

圖解讓
UML系統
分析與設計
更簡單

作者序

筆者曾在資訊企業服務近 20 年，累積許多整合系統開發的實務，包括多語系分散式系統的建置經驗，亦曾負責跨國開發的專案。團隊如果能夠熟悉各類型系統分析與設計的特徵，和標準化的塑模規範，對於分析的需求管理、設計的塑模視覺化、開發程序的掌控、成員溝通的便利、文件規範的規格化等等，都有極大的助益。

之後，因緣際會進入學術界，相對研究型的大學，教學型和專業型的大學更著重於產學接軌的需求。坊間許多系統分析與設計的書籍，大多著墨於理論或是工具的介紹，且偏重在結構化的系統分析與設計，著墨於較缺乏依據現今物件導向實務的角度。使得系統發展過程，無法利用分析與設計方法，建置穩健的資訊系統，也無法有效發揮物件導向程式語言技術的效益。

因此，本書的撰寫，著重在三個主軸：

一、完整介紹系統分析與設計的基礎理論。先從基本觀念，到開發模式的歷史演進與特性，逐一詳述說明，使讀者能快速掌握各類型開發模式的特性與脈絡。

二、掌握標準化的塑模工具。將 UML 最新 2.5 版本所有視圖做最完整詳盡地剖析，從最基礎的定義、圖示的意義，延續到圖形的組合。最後逐一介紹各個視圖的使用時機，與對應於系統分析與設計的每個關鍵點。

三、結合實務經驗與物件導向技術。系統分析與設計的學習必須能夠兼顧理論、設計與開發實務。尤其是以物件導向的觀點進行分析與設計，進而產出符合物件導向技術的文件。由於資訊系統更迭迅速，加上應用環境的複雜更勝以往，學習資訊技能的壓力日以倍增。必須能夠兼顧速成與紮實，才能儘快掌握整體所需的技能，取得資訊市場競爭的優勢。

最後，本書去除冗餘的理論與操作，力求具體扼要，透過簡潔的內容、豐富的圖解。改變傳統資訊圖書強調單一專業、只是掌握理論與工具的主題形式，藉由筆者過往在業界長期系統分析與設計的實務，以及近年審查公私立機關系統建置的經驗，融入本書的編寫。希望能夠藉由本書的學習，使讀者能夠輕鬆的進入物件導向系統開發與設計的領域，不僅獲得整體面向的觀念與知識，也能掌握這些實務技巧。期望各位讀者都能從本書的學習，掌握物件導向系統分析與設計的精髓，無論是理論、規劃、還是建置開發，都能是箇中好手。

第 3 章　 UML 基礎

第 4 章　 UML 基礎圖形符號

第 5 章　UML 視圖

第 6 章　系統分析與設計

第 7 章　實作與測試

附錄 A　UML 工具軟體

第1章
系統分析與設計概觀

1-1 簡介

1. 系統開發

廣義的系統開發（System Development），通常指的是軟體資訊系統的開發程序。定義爲：運用資訊科技及資訊系統開發方法，來建構實體的（Physical）或邏輯的（Logical）系統，以達到特定的目標或功能，協助人們解決資訊處理的需求。其中，資訊科技包含電腦、網路及通訊科技，而資訊系統開發的方法則可以包括系統分析與設計、資料庫設計及專案管理等。

基本上，可以將系統開發分爲：系統分析、系統設計、實施三個主要階段。各階段可以再細分如圖 1. 所示的項目：

(1) 系統分析：使用者、軟硬體環境條件的需求取得與分析。

(2) 系統設計：應用軟體解決問題的細部規劃。

(3) 實施：編碼（coding，包括程式撰寫或網頁編製）、測試、上線維運等項目。

本書的重點主要聚焦在系統需求分析與設計階段的各個實施項目，並著重於標準圖示的方法，以確保分析與設計的文件能夠符合標準規範。開發過程各個階段執行項目的目標與對應使用的 UML 視圖及產製的文件類型，請參見圖 2. 所示。

系統開發的過程，除了必須掌握適當的方法與程序，更重要的是如何將分析與設計的成果編寫成標準的元件。因此，除掌握各種方法與程序，熟悉 UML 視圖的繪製，也是系統分析與設計非常重要的關鍵。使用 UML 視圖，不僅符合國際軟體開發的標準，還可以具有下列優勢：

(1) UML 因其簡單、統一的特點，能夠提供開發團隊以一種視覺化圖形的方式理解系統的功能需求。

(2) UML 統一了各種方法對系統類型、開發階段、內部概念的不同觀點，有效的解決各種塑模語言之間的差異。

(3) UML 不僅用於一般資訊系統的開發，也非常適合應用在平行或是分散式系統開發的塑模。

2. 物件導向的分析和設計

物件導向分析與設計（Object-Oriented Analysis and Design，OOAD）的本質是強調從物件（事物、概念或實體）的角度考慮問題領域和邏輯的解決方案。在物件導向的分析中，重點是發現和描述問題領域中的物件或概念；在設計過程中，強調最終能夠在物件導向程式語言中實現的邏輯軟體系統。

除了分析與設計的經驗與方法，系統開發有 3 個非常重要的要素：

(1) **符號**：符號在任何模型中都起著重要的作用。符號具有 3 個作用：

　　a. 傳達不明顯或無法從程式碼本身推斷出的邏輯語言。

　　b. 提供足夠豐富的語義來獲知所有重要的策略與設計。

　　c. 提供完整具體的形式，提供人類使用和應用的工具。

本書詳細討論統一塑模語言（Unified Modeling Language，UML），並作為系統分析與設計的主要塑模和規範語言。

(2) **過程**：管理良好的迭代（iteration）和增量開發生命週期，已被證明是一個很好的軟體開發過程。在迭代和增量生命週期中，開發是作為一系列迭代進行的，這些迭代演變為最終系統。每次迭代都包含如圖 2. 一個或多個分析、設計、實作、測試、上線等流程。本書分別介紹各類物件導向與敏捷軟體開發（Agile software development）等系統開發與設計的程序。

(3) **工具**：一般稱為 CASE（Computer-Aided Software Engineering）工具。本書使用 starUML 軟體。

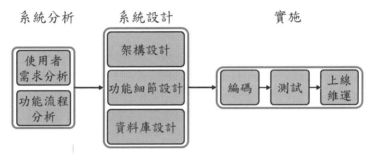

圖 1　系統分析與設計各階段包含的項目

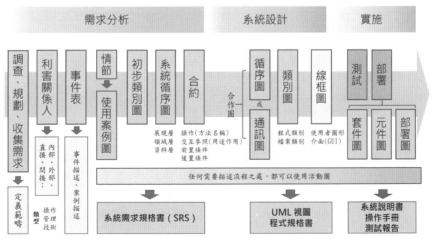

圖 2　系統開發各階段的目標與使用的視圖及產製文件的整體概觀

1-2 內聚與耦合

內聚與耦合是 1975 年 Myers[註1] 提出用來衡量模組本身及模組與模組之間的關係強度，同時也提供設計系統時的最佳指導原則：

(1) 內聚（Cohesion）：表示一個模組、類別或函數所承擔職責的自相關程度。如果一個模組只負責一件事情，就說明這個模組具備高內聚；如果一個模組負責很多毫不相關的事情，則說明這個模組是低內聚。高內聚的模組比較容易理解、改變和維護。

(2) 耦合（Coupling）：表示模組和模組之間、類別和類別之間、函數和函數之間關係的親密程度。耦合越高，軟體元件之間的依賴性就越強，軟體的可重用性、可擴展性和可維護性就會相應地降低。

如圖 1. 所示，內聚是用於模組內元素之間關係的強度；耦合則是一個模組與其他模組的連接關係的緊密程度。由於資料流或控制資訊，可能在模組之間存在這種相互的關係。如果一個軟體符合高內聚和低耦合的要求，就具備了較佳的可重用性、可擴展性和可維護性。

結構化程式，如果兩個函數存取同一個全域變數，這兩個函數之間就具備非常強的耦合。如果兩個函數沒有存取全域變數，則彼此的耦合度是由二者互相呼叫時傳遞參數的資訊量來決定。呼叫函數時，函數參數包含的資訊越多，函數和函數之間的耦合就越強。物件導向的程式，類別與類別之間的耦合度是由類別完成自己的職責和必須相互發送的訊息及參數來決定。

內聚反映了一個模組單一目的（single-purposefulness）的程度，高度內聚的模組可以改善耦合，因為只需要在模組之間傳遞最少量的基本資訊。如圖 2. 所示，Myers 由低到高，分別定義了 6 個程度的內聚：

(1) 偶然內聚（Coincidental cohesion）：模組中或類別的機能只是剛好放在一起，各機能之間唯一的關係只是恰在同一個模組中。

(2) 邏輯內聚（Logical cohesion）：模組或類別內有許多邏輯上為同一類的機能，不論這些機能的本質是否有很大差異。

(3) 時間內聚（Temporal cohesion）：將相近時間點執行的程式，放在同一個模組中。

(4) 循序內聚（Sequential cohesion）：模組中的各機能彼此的輸出入資料相關，一個模組的輸出資料是另一個模組的輸入資料。

(5) 溝通內聚（Communicational cohesion）：模組中的機能因為處理相同的資

[註1] Myers, G. J. (1975). *Reliable software through composite design*. Petrocelli/Charter.

料、使用相同的輸入資料，或產生相同的輸出資料，因此放在同一個模組中。

(6) 功能內聚（Functional cohesion）：模組中的各機能是都對模組中單一明確定義、解決同一問題而存在。

　取決耦合程度的因素，包括關係的複雜程度；關係是否參照到模組本身或模組內的某些東西；以及傳送或接收的內容。如圖 2. 所示，Myers 由低到高，分別定義了 5 個程度的耦合：

(1) 內容耦合（Content coupling）：某一模組可以參考到另一模組內的機能，允許從外部直接進入，不需要經由正常的進入點。

(2) 共用耦合（Common coupling）：兩個模組參考相同的整體資料區域，也就是模組間使用全域狀態的相依關係。

(3) 控制耦合（Control coupling）：某一模組的機能傳遞的參數控制另一模組的內部邏輯。

(4) 戳記耦合（Stamp coupling）：兩模組之間的聯繫使用參數，其參數為某一資料結構的子結構，而不是簡單變數。

(5) 資料耦合（Data coupling）：兩模組之間的聯繫使用單一欄位的參數，或是參數的中的元素均為相同的資料型態。

　雖然有些研究結果，系統內發生錯誤的分佈並不完全取決於模組耦合的高低，但是，也有許多研究調查的結果提出，較高內聚的模組，往往具有更低的出錯率[註2]。如果系統設計中需要衡量模組獨立程度，耦合和內聚仍是普遍採用判斷的標準。

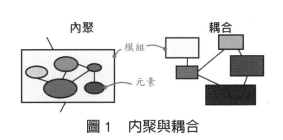

圖 1　內聚與耦合

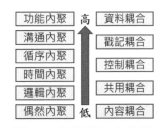

圖 2　內聚與耦合的種類與強度高低

[註2]　Yovits, M. C. (1994). *Advances in computers volume 39*. Academic Press. p.84.

1-3 資訊系統

1. 何謂資訊系統

　　資訊系統是以電腦為基礎，將一些相關的元件整合一起工作，負責收集、處理、儲存與傳播資訊，以協助組織決策、協調、控制、分析與實行。企業應用資訊系統，主要是用來提升組織運作的效率、解決企業面臨的競爭壓力。

　　如果建置的資訊系統，能夠幫助企業達成經營的目標，就是成功的系統。因此，如何善用系統分析設計的方法與工具，來實現一套符合企業各項需求目標，進而提升競爭優勢的資訊系統，是非常重要的關鍵。

2. 資訊系統類型

　　一套優良的資訊系統，必須針對企業組織內，如圖1.所示不同的使用者提供不同的資訊。目前應用於企業，提供決策、管理與作業執行的資訊系統，如圖2.所示，依據組織內部的關係，常見的有下列3種：

(1) 交易處理系統（Transaction Processing System，TPS）：亦稱資料處理系統（Data Processing System，DPS）。將大量交易的處理自動化，負責重複而大量的交易計算工作，主要執行財務、會計及其他每日的企業活動。例如：進銷存退貨、人事薪資、社群買賣交易平台等。

(2) 管理資訊系統（Management Information System，MIS）：提供不同層級管理者，有關組織營運狀況，但細節程度不同之資訊。例如：銷售點（Point-of-Sale，POS）後台、校務系統。

(3) 決策資源系統（Decision Support System，DSS）：協助進行商業級或組織級決策活動的資訊系統。例如：針對高階主管（總經理、財務長、資訊長⋯）之資訊需求而設計的高階主管資訊系統（Executive Information System，EIS）、主管支援系統（Executive Support System，ESS）。

　　企業實際應用，依據目的、範圍、經營模式、服務對象不同，還有許多不同延伸的資訊系統，例如：

(1) 企業資源規劃（Enterprise Resource Planning，ERP）：將多項企業運作所需的功能，包括財務、會計、製造、進銷存等資訊流，整合在一起之大型模組化、整合性的流程導向系統。快速提供決策資訊，提升企業的營運績效與快速反應能力。

(2) 供應鏈管理（Supply Chain Management，SCM）：利用一連串有效率的方法，來整合供應商、製造商、倉庫和商店，使得商品能以正確的數量生產，透過正確的管理，在正確的時間配送到正確的地點。

(3) 客戶關係管理（Customer Relationship Management，CRM）：企業藉

由與顧客充分地互動，來瞭解及影響顧客的行爲，以提升顧客的贏取率（Customer Acquisition）、顧客的保留率（Customer Retention）、顧客的忠誠度（Customer Loyalty）及顧客獲利率（Customer Profitability）的系統。

(4) APP：APP 爲應用系統（Application）的縮寫，原指電腦上專門解決使用者需求，所開發、撰寫的應用軟體。行動裝置興起，APP 亦可指軟體開發商在行動裝置上，開發各種擁有獨立操作之行動軟體應用程式（Mobile Application）。包括：社交軟體、影音娛樂、商業工具、遊戲、資訊服務等，類型廣泛。提供各種不同領域或類型的使用者應用。

決策層級
資訊圖表(長程規劃)
提供高階的決策與管理活動
管理層級
整合性資訊(中程規劃)
提供一般的管理活動
執行層級
細節性資訊(短程規劃)
提供基礎作業與管理

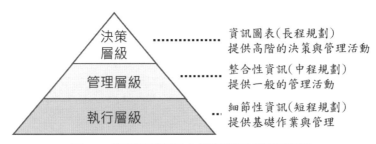

圖 1　資訊系統與企業組織內部的關係

決策層級
決策資源系統
管理層級
管理資訊系統
執行層級
交易處理系統

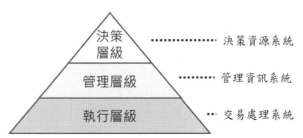

圖 2　企業組織內部對應之系統概觀

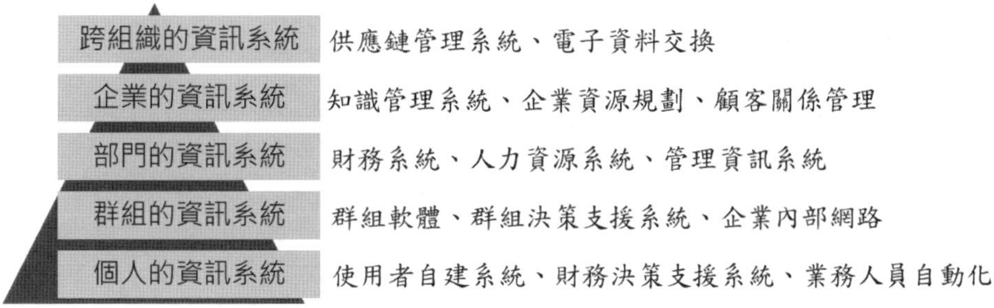

跨組織的資訊系統
供應鏈管理系統、電子資料交換
企業的資訊系統
知識管理系統、企業資源規劃、顧客關係管理
部門的資訊系統
財務系統、人力資源系統、管理資訊系統
群組的資訊系統
群組軟體、群組決策支援系統、企業內部網路
個人的資訊系統
使用者自建系統、財務決策支援系統、業務人員自動化

圖 3　資訊系統的分類架構

1-4 何謂分析與設計

1. 系統分析

系統分析的工作基本分為下列 4 個步驟（詳細的步驟，請參見第六章的介紹）：

(1) 需求確認（Requirement Determination）
(2) 需求分析（Requirement Analysis）
(3) 評估各項可行方案（Evaluation of Alternatives）
(4) 完成系統需求規格書（System Requirement Specifications）

進行分析過程時，可反覆依據表 1. 尋求解答來完成。

表 1　需求分析的確認表

	需求確認		需求分析
What	做什麼？	為什麼要做？	應該做什麼？
Where	在何處運作？	為何在該處運作？	應該在哪裡運作？
When	何時完成？	為何在這個時候完成？	什麼時候應該開始做？
How	是如何完成的？	為什麼這樣做？	應該怎麼做？
Who	誰來做？	為什麼要由這人來做？	應該由誰來做？

2. 系統設計

大多數開發系統的需求相當複雜，如果沒有先經過妥善的分析與考量，撰寫的程式就很可能忽略許多種關鍵。就像要建造一棟房屋，必須先經過土地評估，了解地質環境；經過市場評估，了解使用者需求與銷售趨勢；經過建築設計，決定格局與建材。當一切調查與規劃完成後，才會開始進行動工興建，這樣蓋出來的房子才能同時滿足原訂目標的需求與限制。

而且，對資訊系統的程式而言，除了能否滿足應用需求，還必須具備如方便性、擴充的彈性、穩定性等因素，甚至包含跨系統資料的串接、轉換等功能。所以，在程式撰寫之前，就必須要考慮如何組合才能完成「好的」系統開發。這就是所謂的「設計」作業。將建造房屋的邏輯換成開發資訊系統的角度，如果不經過設計就直接撰寫程式，就如同沒有經過設計就直接蓋房子的情況一樣。資訊系統的重點並非在於程式撰寫完成，符合所需的功能就好。效率、穩定性、重複再利用性及維護的便利性等，也都必須要能夠滿足才行。

尤其，當系統的規模越大時，人員之間的協調與分工也更為繁複，對於設計範圍的全盤了解及掌控就更為重要。雖然資訊系統分析與設計的結果，是以

程式的執行來達成，但是對於設計者以外的利害關係人（例如專案成員、管理者與使用者）要掌握系統全貌、確保各自開發的程式能夠整合並正常運作，並不是一件簡單的事。而且，還要考量系統開發完成，上線運作後，後續接手的人員還能掌握系統架構，維護正常的運作，這一切都有賴於良好的系統分析設計。

3. 設計準則

設計是指能夠同時滿足需求與限制的系統開發作業，因此需要有可供判斷的設計準則（design criteria）。開發系統的方式有多種選擇時，如果沒有判斷準則，就只能根據個人主觀的喜好來決定。但是有判斷準則時，如圖 2. 所示，開發團隊的成員就可以依據準則作比較，選出「較好」的方式。一般的設計準則包括下列 3 個方向：

(1) 使用者的方面
　　a. 掌握系統與使用者互動之處。
　　b. 預估未來使用者的需求。

(2) 資料的方面
　　a. 資料在產生之處輸入系統。
　　b. 資料輸入時立刻檢查。
　　c. 資料輸入盡可能採用自動作業方式。
　　d. 控制資料的存取，並記錄每一重大資料的改變（系統日誌）。
　　e. 避免資料重複輸入（主鍵的查核）。
　　f. 避免儲存重複的資料（主鍵或唯一性欄位的指定）。

(3) 處理程序方面（依據高內聚、低耦合的原則）
　　a. 處理程序盡量單純。
　　b. 使用獨立的模組，且此模組只執行單一功能。

此外，還可加上系統模型的開發模式（參見第二章的介紹），設計文件所遵循的圖形繪製規範（參見第三、四、五章的介紹）與各階段的設計程序（參見第六章的介紹），作為系統設計的判斷準則。

4. 產出文件

完善的系統設計，能夠加快撰寫應用程式的過程，並確保滿足系統功能性與非功能性的需求。系統設計的過程主要產出 4 種文件類型：

(1) 程式文件（Program Documentation）：解釋了所有程式的輸入、輸出和處理邏輯。

(2) 系統文件（System Documentation）：描述系統各部分功能及其實現方式。

包括：系統和子系統架構、資料庫設計、輸入格式、輸出規格、人機介面、細部設計、處理邏輯和外部介面等。

(3) 作業文件（Operations Documentation）：解釋程式。提供系統分析、程式設計和系統的識別；時程規劃、執行報告與特殊需求，如安全要求等。

(4) 使用者文件（User Documentation）：包括使用者與系統溝通的的步驟和相關資訊，如操作手冊、故障排除指引等。

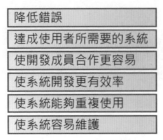

圖 1　系統分析與設計的目標

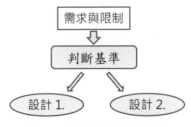

圖 2　判斷基準的角色

第2章
開發模式

一、結構化系統開發模式

2-1 系統開發模式

　　資訊系統開發模式提供了在開發過程中分派任務和責任的方式，目標是在可預見的時程和預算之下，確保滿足客戶需求的系統開發。主要功能是確定資訊系統開發和演進過程中涵蓋的階段順序，並建立從一個階段到下一個階段的轉移準則（transition criteria），包括當前階段的完成準則，以及下一階段的選擇和進入的準則。

　　系統開發遵循系統化、邏輯化的步驟進行，並依據標準、規範與政策的執行，能夠使開發的過程提升效率、降低風險、便於管理，並確保系統品質。

　　資訊系統開發模式源自於 1950 年代的編碼與修正模式（Code-and-Fix Model），如圖 1. 所示，之後許多專家提出了不同的資訊系統開發模式，以因應不同資訊系統開發的需求或目標。

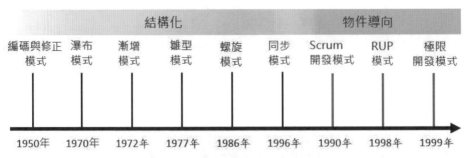

圖1　系統開發模式的演進

　　如同軟體工程由結構化進展到物件導向，這些開發模式可分為結構化與物件導向式系統分析與設計兩大類：

(1) 結構化：

　　結構化技術的概念是強調系統開發過程中，如何應用一些概念、策略與工具，來提升系統需求分析、設計、程式撰寫與測試之效率與效能。著名的結構化開發模式包括：瀑布模式、漸增模式、雛型模式、螺旋模式與同步模式等。

(2) 物件導向式：

　　物件導向技術之概念是以物件模式來描述真實系統，並將資料抽象（Abstract）、封裝（Encapsulation）、繼承（Inheritance）與多形

（Polymorphism）的觀念，融入於物件系統開發中。此外，由於同步模式採用活動同步（activity concurrency）與資訊同步（information concurrency）的方式，加快了系統開發的效率，引發後續包括 Scrum、極限開發（eXtreme Programming，XP）等敏捷式和統一軟體開發過程（Rational Unified Process，RUP）開發模式的發展。

物件導向開發模式，強調軟體的發展是以較小增量（increment）方式的迭代（iteration，反覆進行）來執行，以縮短系統開發的生命週期。並且在每次迭代中，均納入利害關係人的相關回饋，確保系統目標符合所有利害關係人的利益。

雖然結構化與物件導向開發，各別發展出許多不同的模式，各個模式之間也各有許多優點。如圖 2. 所示，最主要的差異還是在於結構化開發模式強調完整的規劃，因此專案的可控性高；而物件導向則是採用迭代的開發模式，能夠面對開發過程中，需求或技術不斷的變化，而能夠快速地調整與改變，因此彈性較高。

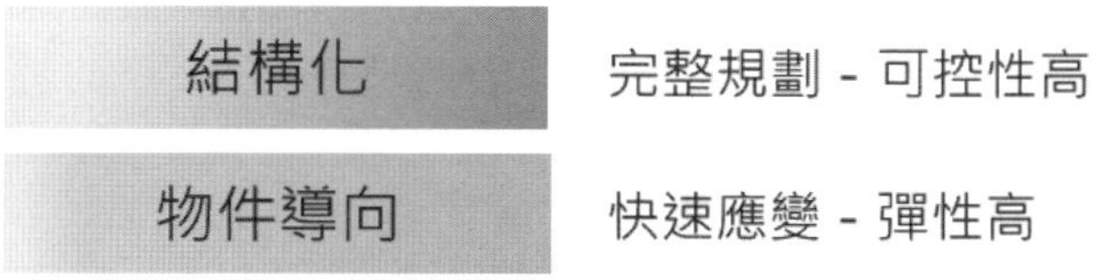

| 結構化 | 完整規劃 - 可控性高 |
| 物件導向 | 快速應變 - 彈性高 |

圖 2　結構化與物件導向開發模式最主要的差異

2-2 資訊系統發展生命週期

資訊系統如同萬物一般，也有生命的週期（life cycle），資訊系統發展生命週期（System Development Life Cycle，SDLC）通常分為如圖 1. 所示的五個階段：

(1) 啟動規劃階段

此階段主要是確立資訊系統執行功能的需求。確定執行目標、作業項目、運行範圍的利害關係人等。

(2) 設計與開發階段

確立需求並蒐集相關資料之後，進行可行性評估（feasibility study），確立資訊系統開發之必要性、可行性，確定後進行系統的設計。

(3) 上線階段

開發完成之後，執行功能性，以及包括效能、安全性、易用性與相容性等非功能性的測試，確保介面、流程、作業符合使用者期待，就可以實際安裝到使用者的環境，進行正式上線運作。如果是汰換原有的系統，有時還需考量新舊系統的平行作業或系統交接的情況。

(4) 維運階段

系統正式運行的階段，面對系統原有瑕疵或錯誤、資安的漏洞、軟硬體設備的變遷、執行作業的改變、人員的更替，不斷地會有需求的變化，所以仍舊需要繼續不斷地更新維護。

(5) 廢棄汰換階段

當系統運行若干時日之後，可能會因為組織營運目標的變化、資訊系統無法滿足使用、維運成本考量，或導入其它的系統時，已能涵蓋現有系統功能等各種因素，而需要淘汰現有的資訊系統。

資訊系統進行廢棄汰換的階段，也可能並非逕行捨棄該資訊系統，而是依據需求重新規劃開發，採取升級的方式。如此，資訊生命週期就可以形成如圖 2. 所示的生命循環週期。

資訊系統生命週期的每一階段，都有風險產生的可能。因此，如表 1. 所述，在每一階段應考量進行適當的風險評估，以確保資訊系統運作的安全與可靠性。

表 1 生命週期階段的風險評估重點

生命週期階段		階段特徵	風險評估
一	啟動規劃	提出資訊系統的目標、範圍、需求、規模和安全等要求。	風險評估活動可用於確定資訊系統的安全需求。
二	設計開發	資訊系統設計、開發、整合購買等規劃。	在本階段標識的風險，可以用來為資訊系統安全分析的依據，這可能會影響系統在開發過程中，要對結構和設計方案進行權衡。
三	上線	資訊系統的穩定性與可靠性均確實設置、啟動、並經由測試驗證。	風險評估可支持對系統實現效果的評價，考察其是否能滿足要求，並考察系統所運行的環境是否預期設計的。有關風險的一系列決策，必須在系統運行之前做出。
四	維運	資訊系統正式開始運行。通常系統會不斷修正、擴充硬體設備、軟體功能，或改變組織的運行流程或規則。	定期對系統進行重新評估時，或資訊系統在其運行環境中做出重大變更時（例如更新的系統介面），需要對其進行風險評估活動。
五	廢棄汰換	基於組織變遷、資訊系統不敷所用、其他系統涵蓋現有系統功能、或維運成本考量等各種因素，而對資訊硬體和軟體的廢棄或汰換。	當要廢棄或汰換資訊系統時，需要對其進行風險評估，以確保硬體和軟體得到了適當的廢棄處置，且原有的資訊也恰當地處理。並且要確保系統的汰換能符合安全、可靠的系統化方式完成。

圖 1 資訊系統生命週期

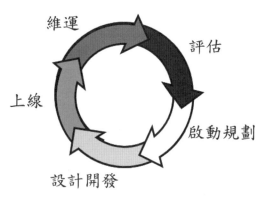

圖 2 資訊系統生命循環週期

2-3 瀑布模式

針對編碼與修正模式（Code-and-Fix Model）在執行上的一些問題，Royce 於 1970 年提出瀑布模式（Waterfall model）以彌補模式之不足（Royce, 1987）。瀑布模式也可稱全功能方法（full functional approach），強調系統開發應有完整的週期，週期中劃分成數個開發階段，每個階段清楚定義要做哪些工作及交付哪些文件。瀑布模式依序執行各階段且僅執行一次。因此，瀑布模式等同於系統發展生命週期（System Development Life Cycle，SDLC）。

瀑布模式並沒有明確規定系統開發過程應分成多少個階段。當問題較小或較單純時，可以只需如圖 1. 所示的需求分析、設計與實作三個階段。對於較大型或複雜之系統，則可以再劃分如圖 2. 所示的階段，甚至還可再細分更多的階段。

符合邏輯的瀑布模式，也代表管理的重要，因為瀑布模式是依系統發展生命週期階段來進行規劃，各階段必須符合完整的需求，且前一階段必須完成才能進入下一階段，直到最後整個系統完成。因此，每一階段的結束均可視為專案管理的里程碑（milestone）。

1. 優點

(1) 執行步驟一致，確保系統開發的品質。

(2) 清楚的階段劃分，易於分工及責任歸屬，讓每個階段工作由最專業的人去執行。

(3) 符合分而治之（Divide and Conquer）及模組化的觀念，將大而複雜的系統開發工作，切割分成較小的工作。

(4) 各階段可以自由選擇適合的方法、塑模工具與技術進行系統開發。

(5) 一個版本一個週期，易於維護、管理。

2. 缺點

由於瀑布模式在開發各個階段，要能同時考量所有需求，且系統開發通常需要在一個週期內完成。在某些情況下，此模式之執行會有困難，主要是前期作業的偏差，容易造成接續階段較高的失敗風險。如圖 3. 所示，因為實作的程式編輯，是在系統開發週期較晚的階段才開始。當實作的功能不符使用者的需求，或是分析與設計的架構無法滿足後續的擴充，都可能需要花費極高成本重新設計，甚至造成專案失敗的結果。

瀑布模式缺點整理如下：

(1) 塑模的階段是線性的，使用者只有等到整個過程的末期，才能見到開發成果，從而增加了開發風險。

(2) 各個階段的劃分完全固定，階段之間增加較多文件的工作量。

(3) 不適應使用需求的變化。

　由於瀑布模式較高風險發生在於系統規劃與開發初期，因此，瀑布模式一般適用於低風險的專案，例如開發期間需求可清楚又完整表達、需求較少改變或不會改變、問題領域（program domain）之知識容易取得、解決問題之資訊科技與設計方法很成熟等。

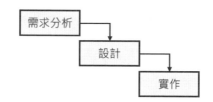

圖1　瀑布模式基本三個執行階段

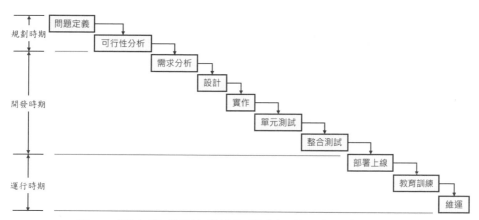

圖2　瀑布模式可依系統複雜度細分更多的執行階段

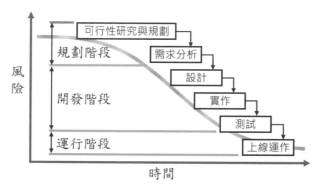

圖3　瀑布模式的風險

2-4 漸增模式

由於瀑布模式在軟體開發的各個階段，必須要同時考量所有的需求，且系統開發要在一個週期內完成。實務上，在人力有限的組織或較大之專案，很難在設計時考量到所有的需求。因此，瀑布模式在許多情況下會有執行的困難。

H. D. Mills 在 1971 年提出漸增模式（Incremental model）以解決此問題。如圖 1. 所示，漸增模式是一種迭代（iteration）的開發程序，執行方式是將系統需求切割成多個子系統或子功能，再將每個子系統或子功能，視爲一個開發週期。每個開發週期，可以依瀑布模式的循序方式或同步方式依序進行各週期。於週期內，各階段定義清楚工作及應交付文件，且每個週期僅循環一次。

也就是說，漸增模式包含兩個個核心概念：
(1) 反覆執行瀑布模式的軟體開發基本程序，逐步構建出整個系統。
(2) 在流程早期即可實現部分可運作的功能，並隨著時間的推移構建出系統完整的功能。

漸增模式改善了瀑布模式必須同時考量完整需求，且系統需在一週期內開發完成的困難。此外，漸增模式的每一週期，都包含有程式的撰寫與部署上線的實施，使用者也有參與。因此，可以及早發現問題，開發失敗之成本風險較瀑布式低。

增模式較適用於組織的目標與需求可完全且清楚地描述的系統開發。開發的過程中，可先將系統做整體規劃，並分期編列預算，往後再分期執行。如未來無法獲得某一分期的預算，已完成的部份功能仍可運作，如此可以降低財務負擔及風險。當機構內的人員需要時間來熟悉與接受新科技時，採用漸增模式也能有較充裕的時間來學習與導入技術。

1. 優點

漸增模式與瀑布模式大致上相同，具備先有完整的設計與規劃，再進行程式撰寫的方式。但是，漸增模式將主系統分成幾個子系統或功能，各子系統可獨立依序開發，使得漸增模式具備下列瀑布模式所沒有的優點：
(1) 在資訊系統生命週期的早期快速產生可使用的軟體。
(2) 模式較爲靈活，改變執行範圍和需求的成本較低。
(3) 較小的子系統比較容易測試和調校。
(4) 使用者可以依據每一子系統回饋使用狀況。
(5) 降低初始交付的成本。
(6) 更容易管理風險，因爲風險部分在反覆過程中即可被識別和處理。

2. 缺點

　　由於瀑布模式與漸增模式在專案開始時，都必須要能夠完整地描述使用者需求，此種要求對於半結構化或非結構化的系統，在實務上並不容易達成。因此，漸增模式的缺點是不適合開發半結構或非結構化的系統，例如決策支援系統。和瀑布模式比較，漸增模式還有下列缺點：

(1) 需要更完整與良好的整體規劃和設計。
(2) 需要對整個系統進行清晰完整的定義，然後才能對其進行分解和迭代建構。
(3) 總成本高於瀑布模式。

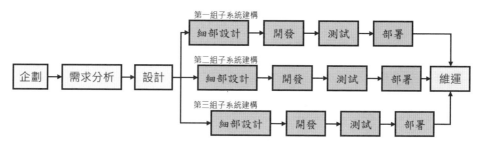

圖 1　漸增系統開發模式

2-5 雛型模式

瀑布模式與漸增模式均是建立在專案開始時，使用者需求能清楚且完整地描述。但是通常使用者很難將需求清楚且完整地表達。縱使可以清楚地表達，但系統分析與設計的人員，卻可能沒有足夠的經驗與知識完全瞭解使用者之作業流程與業務需求，也可能一時無法擬定最佳的處理方法、運作模式或適合採用的資訊科技等。基於上述不適合採用瀑布模式與漸增模式的原因，Bally，Brittanc 和 Wagner 便於 1977 年提出了雛型模式（Prototyping Model）[註1]，以便解決上述系統開發的需求。

雛型模式主要是先就使用者需求較清楚的部分，或資訊人員能掌握的部分，依分析設計與實施等步驟，快速開發一個雛型系統，作為使用者與資訊人員需求溝通與操作。透過雛型系統之使用回饋，釐清問題的及操作介面的需求進行修正。如此反覆，直到使用者確認接受後，便可進行正式系統的開發。也就是說，雛型模式的主要特色就是「為了讓使用者確認與了解自己的需求，所以建立一個雛形系統，提供使用確認，再依據回饋修正雛形」，如此反覆直到滿足使用者的需求。此特色強調：

(1) 先從需求最清楚的部分著手，能夠快速地開發出系統的雛型。

(2) 使用者高度參與。

(3) 以雛型作為系統開發者與使用者之間的需求溝通與使用評估管道。

(4) 依據使用者對雛型之操作與回饋，反覆修正與擴充雛型。

因為整個系統開發過程中，使用者高度參與雛型之開發、操作與回饋，有助於使用者對於需求的創意與表達、讓資訊人員對實際需求更能瞭解與掌握，也間接提升使用者對系統的熟悉與與接受度。

依據雛型模式的特色，套入整個資訊系統發展生命週期，雛型模式即可表示為如圖 2. 的執行程序。

在系統開發過程中，因系統開發技術、軟硬體工具、需求誤解或改變等狀況，就能及早獲知，使得專案風險造成的失敗成本低於瀑布與漸增模式。

1. 優點

整體而言，雛型模式的優點包括：

(1) 有助於瞭解問題與擬定解決方案。

(2) 提供雛型以增進系統開發者與使用者之間的溝通。

[註1] Bally, L., Brittan, J., & Wagner, K. H. (1977). A prototype approach to information system design and development. *Information & Management*, 1(1), 21-26.

(3) 提早發現需求是否有問題及使用者參與系統發展並迅速回應需求的改變。

2. 缺點

因為雛型模式強調迭代的雛型循環方式,代替完整之分析與設計,因此可能造成下列缺點:

(1) 非完成整體之分析與設計後再進行開發,因此系統文件較不完備。

(2) 反覆修正雛形造成過多的版本,使得程式可能較難維護。

(3) 缺乏整體之規劃、分析與設計,故較不適用於大型及多人參與之系統開發專案。

因此,雛型模式適用於需求改變可能發生於整個專案生命期間、使用者能高度參與、開發人員不熟悉的應用領域或高風險等專案,比較不適合用於需求單純或技術掌握度高的專案。

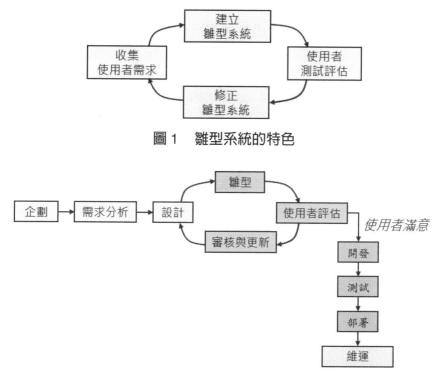

圖 1　雛型系統的特色

圖 2　雛型模式執行流程

2-6 螺旋模式

螺旋模式（Spiral model）是由 Boehm 於 1988 年提出，該模式結合 SDLC 與雛型模式的優點，並加強風險分析，適用於大型資訊系統開發的分析與設計。

如圖 1. 所示，螺旋模式從最內層開始，由內往外循序執行各個階段的活動。每完成一次迭代的循環，就會產生一個更完整的雛型系統。如此，越是循環至外層，就會越接近實際的系統。因為在每個階段之前及經常發生的迴圈之前，都必須首先進行風險評估。因此，螺旋模型是屬於一種風險驅動的塑模方式。

螺旋模式的循環，主要包含四個階段的活動：

(1) 擬定目標（determine objectives）

決定系統開發的目標與範圍。這個階段從收集需求開始，在產品成熟的後續螺旋中，此階段完成系統需求和單元需求的識別，並包括透過使用者和系統分析人員之間持續的溝通來了解系統要求。

(2) 識別和解決風險（identify and resolve risks）

包括識別、估計和觀察技術可行性，以及進度延誤和成本超支等風險狀況。

(3) 發展與測試（development and test）

執行包括細節設計、撰寫程式碼、功能測試、非功能測試、執行實施（implement）等系統的開發與測試作業。

(4) 計畫與下階段迭代（plan and next iteration）

迭代結束時，進行使用者評估並提供回饋。針對使用者的回饋進行系統修正，以及下一次迭代的發展規劃。

1. 優點

(1) 結合 SDLC 與瀑布模式的優點。
(2) 採用循序漸進的迭代循環方式，每一次迭代都會進行風險分析，降低專案風險。
(3) 每一次迭代皆會產出雛型系統，能確實掌握使用者對系統階段性的評價，並且能在早期就發現作業不符的問題。
(4) 設計上較有彈性。可以在循環的各個階段進行變更。

2. 缺點

(1) 不適合無法預測改變或變動性過大的系統開發。
(2) 強調風險分析，但要求許多客戶接受和相信這種分析，並做出相關反應並不容易。
(3) 開發周期較長，而軟體技術發展比較快，可能發生系統開發完畢後，和當前的技術水準有了較大的差距。

　簡而言之，當系統規模較小的新開發，且需求不明確的情況下，較適合採用螺旋模式進行開發，以便於風險掌控和需求的變更。

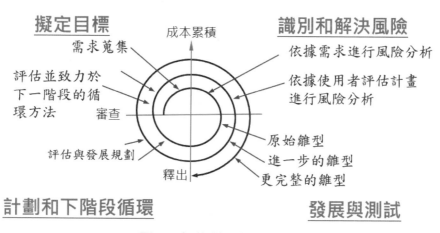

圖1　螺旋模式執行流程

2-7 同步模式

同步模式（Concurrent model）是 M. Aoyama 於 1993 年提出的系統開發模式，其特色是多個團隊同時進行，再予以整合來加速系統開發的方法。如圖 1. 所示，與瀑布、螺旋這一類的線性模式比較，能夠大幅縮短系統開發的時程。

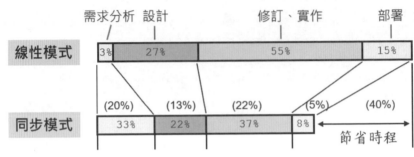

圖 1　同步模式縮短開發時程

（資料來源：Anderson, D. M.（2003）. *Design for manufacturability & concurrent engineering: How to design for low cost, design in high quality, design for lean manufacture, and design quickly for fast production*. CIM press. p.80）

　　同步模式主要是基於下列的構想，達成開發時程縮短的目標：
(1) 活動同步（activity concurrency）：多個團隊同時進行開發。
(2) 資訊同步（information concurrency）：不同團隊之間共享彼此的資訊。

　　由於需要不同開發團隊平行進行開發，並需要確保團隊之間資訊共享與資源整合，因此同步模式較適合採用的時機包括：
(1) 套裝軟體的專案。
(2) 具備足夠的開發人力與資源。
(3) 擁有經驗豐富與能力的專案管理人員。

1. 優點

開發時間的縮短，可提高產品的競爭力。

2. 缺點

(1) 緊湊的步驟及資訊溝通的頻繁，使得專案管理的複雜度大大提高。
(2) 人力、物力的成本相對提高。
(3) 如果缺乏良好的工具及管理方法，則不易達成目標。

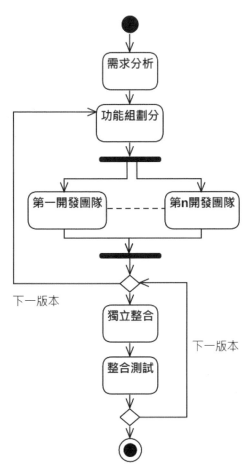

圖 2　同步模式執行流程

二、物件導向系統開發模式

2-8 物件導向的源起

1. 物件導向的概念

如圖1.所示，物件可以是現實生活中任何具體的事物，例如：老師、學生、教室、桌椅、手機、電視、車子等。不過並非實體才可稱為物件，參考《韋氏大詞典》（Merriam-Webster's Collegiate Dictionary）有關物件的解釋[註2]，概念性的事物，包括思想、感覺或行動所指向的精神或身體事物，例如：經濟效益、交易、展覽、機構等也都是物件。

(1) 實體性物件：一種可為人感知的物質。表示可以看到和感知的物體，而且可以佔據一定事物的空間（軟體運作物件的空間，就是電腦內部的記憶體）。

(2) 概念性物件：某種思想、感覺或行動所指向的精神或身體事物。這些物件是人們不能看到的、聽到的，但是在描述抽象模型和實體物件時，仍然具有相當重要的作用。

2. 物件導向程式語言

從1946年2月14日第一台電腦誕生之日起，軟體應運而生。最初，軟體偏向低階且採取逐一打字或打孔的方式產生，沒有標準化的工具、技術和程序，因此軟體非常容易發生錯誤。20世紀60年代起隨著電腦硬體性能不斷的提升、價格不斷的下降、應用領域不斷的擴大，使得軟體的規模和複雜性與日俱增。早期系統開發普遍採用結構化的程式語言和方法，在面臨大型軟體應用環境，不斷遇到許多問題。於是電腦專家又分別提出了各種語言、方法、工具等，以期解決系統開發的問題。

物件導向方法起源於物件導向程式設計語言（Object Oriented Programming Language，OOPL）。OOPL的發展經歷了最初ALGOL程式語言區塊化的封裝概念，進而廣泛應用到如Ada、C等各類程式語言。之後，在1966年Kisten Nygaard和Ole-Johan Dahl開發了具有更高層級抽象機制的Simula程式語言。Simula程式語言基於區塊化封裝，首先提出使用類別的物件概念，並支援封裝與繼承。

1970年代初在美國全錄（Xerox）的帕羅奧多研究中心（Palo Alto Research Center，PARC）以Simula的類別為核心，推出動態型別、反射式的Smalltalk

[註2] https://www.merriam-webster.com/dictionary/object

物件導向程式語言，於 1972 年發佈了 Smalltalk 的第一個版本。大約在此時，「物件導向」這一術語正式被確定，Smalltalk 被認爲是第一個真正物件導向的語言。Smalltalk 統一了系統設計中物件的概念，包含物件、類別、方法、實例等概念和術語，採用動態連結和單一繼承的機制。因此，資訊人員注意到物件導向方法所具有的模組化、資訊封裝與隱藏、抽象、繼承、多樣等優異的特性[註3]。物件導向的事件和程序，也引發了軟體應用的變革：包括視窗（window），圖示（icon）、滑鼠（mouse）環境、對話框（dialog box）等圖形化人機介面。物件導向的分解和模組化可以將一個問題分解成多個較小、獨立且互相作用的元件來處理複雜、大型的資訊系統。

Smalltalk 語言還影響了 80 年代早期和中期的物件導向程式語言的發展，例如：Objective-C、C++、Pert、Flavors、Self、Eiffel 等。如圖 2 所示，在 20 世紀 80 年代，有眾多物件導向程式設計語言問世。直至今天，這些程式語言許多還佔有極重要的地位。

圖 1 物件的類型

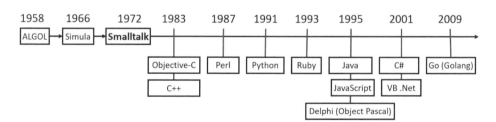

圖 2 物件導向程式發展歷史

[註3] Northrop, L. M. (2002). Object-Oriented Development. *Encyclopedia of Software Engineering*.

2-9 物件導向程式語言的特性

　　如圖 1.所示，軟體是依據程式語言對問題求解加以描述（程式設計）與運作（程式執行）的實現。因此，用電腦解決問題需要用程式語言。

　　如果軟體求解問題的方式和人類求解問題的思維路徑相同，則軟體不僅容易被理解，且容易維護。物件導向就是依據人類按照通常的思維方式以及現實事務的概念，來建立問題領域（program domain）的模型，開發出符合現實解決事務方法的軟體。物件是由資料和行為組成的封裝體，與客觀實體有直接對應關係。在資訊領域物件的資料稱為屬性（attribute），行為則稱為操作（operation）（在物件內的操作稱為方法，因此通常設計時稱為操作，但在程式語言稱為方法）。一個物件的類別定義了具有相似性質的一組物件。而繼承性是對具有層次關係之類別的屬性和操作進行共用的一種方式。所謂物件導向就是基於物件概念，以物件為中心，以類別和繼承為構造機制，來表現客觀世界並設計、構建相應的軟體系統。

　　所謂物件導向系統分析與設計，就是一種將物件導向的思維，應用在資訊系統發展過程中，建立在「物件」概念基礎上的方法學。物件導向的特徵包括：

(1) 封裝（Encapsulation）：封裝是一種資訊隱蔽技術，將方法、欄位、屬性和邏輯包裝在類別內，透過類別的實體，也就是物件來實現，外部物件無法了解物件的內部細節。也就是說，對類別或其所建構的物件只需了解其外在，無需理解內部構造。如圖 3.所示的封裝範例，封裝的目的在於將物件的設計者和使用者分開，使用者不必知曉行為實現的細節，只需用設計者提供的資訊來存取該物件。

(2) 繼承（Inheritance）：繼承性是子類別自動共用父類別資料和方法的機制。子類別繼承父類別時，子類別除了擁有自己的屬性和方法，還擁有父類別私用（private）以外的所有屬性和方法。如圖 4.所示的繼承範例，貨車、轎車、旅行車等子類別均具有汽車類別的屬性與方法。

(3) 多型（Polymorphism）：定義名稱相同的方法，可以傳入不同個數的參數或是型態，利用參數個數和型態，呼叫到對應的方法。如圖 5.所示的多型範例，多型提供相同類別建構的物件，可以具備不同的行為。

圖 1　軟體是依據程式語言在硬體設備上實現問題的解決方案

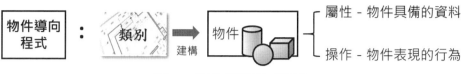

圖2　物件導向程式概念

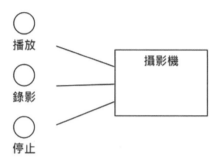

圖3　物件導向的封裝圖示範例

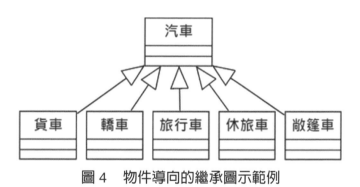

圖4　物件導向的繼承圖示範例

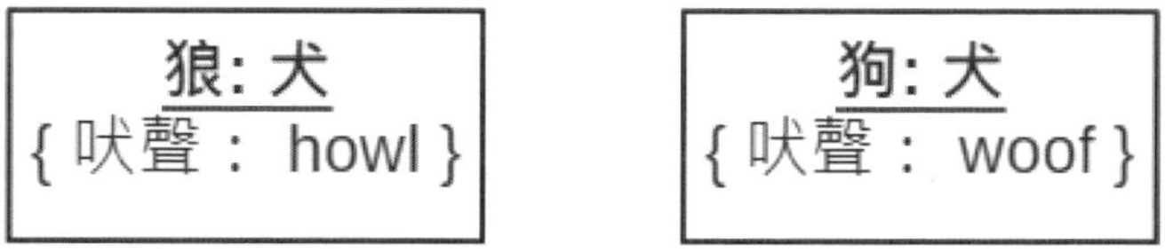

| 狼:犬
{ 吠聲： howl } | 狗:犬
{ 吠聲： woof } |

圖5　物件導向的多型圖示範例

2-10 敏捷開發

敏捷軟體開發（Agile software development，簡稱敏捷開發），從 1990 年代開始逐漸引起廣泛關注的一些新型軟體開發方法，是一種因應需求快速變化的軟體開發模式。相對於「非敏捷」，敏捷開發強調系統開發團隊與業務專家之間的緊密協同運作、面對面的溝通、頻繁交付新的軟體版本、緊湊而自我組織型的團隊、能夠很好地適應需求變化的程式撰寫和團隊組織方法，也更注重軟體開發過程中參與者的作用。

敏捷開發強調人與人綿密的溝通方式，比書面的文件溝通更有效，這是系統開發的一大進步。過度強調文件，但文件的格式、方法是否正確、缺乏閱讀、是否能夠看得懂，都是無法有效幫助系統開發。但是文件又非常重要，畢竟上線後的維運、人員異動的接管，後續擴充的開發，都必須倚賴良好的分析設計與開發文件作爲回顧。

如圖 1. 所示，敏捷開發主要的精神在於採用迭代的方式，進行較短的開發循環，以及漸進式的開發與交付產品。也就是說，包含規劃、需求細節、分析與設計等，都是隨著專案的進行而漸漸累積完成，並非在最初就將所有的專案細節擬定完成。

簡而言之，之所以命名爲「敏捷」，就是強調對變化的適應和反應。一個整體系統的開發，依據短迭代週期，每次迭代交付一些成果，關注商業邏輯（Business Logic）的優先順序，確實檢查與調整。和其他開發方式，敏捷開發最大的特點是：

(1) 敏捷開發方法是適應（adaptive）而非預測（predictive）

許多類型的系統開發，例如人事薪資、進銷存、公文作業等，有比較明確的需求，同時功能的要求也相對固定，所以此類專案通常強調開發前的設計規劃。只要設計時，合理並考慮周詳，專案團隊可以完全遵照文件順利完成開發，並且可以很方便地把文件劃分爲許多更小的部分，交給不同的成員分別作業。然而，在大多數的系統開發，卻很難具備這些穩定的因素。

傳統的系統分析與設計模式，大多是要求對一個系統開發專案在很長的時間跨度下做出詳細的規劃，然後再進行開發。所以，這類模式在不可預測的環境下，很難適應變化。反之，敏捷開發則是採取適應變化的過程，甚至能允許改變自身來適應變化，所以也被稱爲適應性方法。

(2) 敏捷開發方法是以人導向（people oriented）而非程序導向（process oriented）

不過，敏捷開發並不是特定的一個開發方法的框架，包括 Scrum、極限開

發（eXtreme Programming）、特性驅動開發（Feature Driven Development，FDD）、動態系統開發方法（Dynamic Systems Development Method，DSDM）、Crystal、Kanban、Lean 等都是著名的敏捷開發方法。敏捷開發可是一組框架和實踐的總稱。這些框架和實踐基於敏捷開發宣言（manifestos）及其背後的 12 條原則（principles）：

1. 敏捷開發宣言

(1) 人與人之間互動勝過流程和工具。
(2) 工作軟體優於綜合文件。
(3) 與客戶協同合作而非合約談判。
(4) 回應變化而不是遵循計畫。

2. 敏捷開發原則

(1) 優先透過早期和持續交付有用的軟體來滿足客戶。
(2) 歡迎需求的改變，即使是在開發後期。利用變化來獲得客戶的競爭優勢。
(3) 頻繁地交付可用的軟體，無論從幾周到幾個月不等，儘量越短越好。
(4) 業務人員和開發人員必須在整個專案中每天一起工作。
(5) 為團隊成員提供所需的環境和支援，並確信他們會完成工作。
(6) 開發團隊內部傳達訊息最有效的方法是面對面的交談。
(7) 工作軟體（working software）是進度的主要衡量標準。
(8) 開發者和客戶應該長期地保持恆定的步伐，促進彼此持續的發展。
(9) 持續關注新技術與設計方法，以便提升敏捷性。
(10) 簡單性：將未完成工作量最大化的藝術是必要的。
(11) 最好的架構、需求和設計來自於自行組織的團隊。
(12) 團隊定期反思如何提高效率，從而其行為。

> 工作軟體（working software）或稱可運行軟體，是系統開發中完成經過整合軟體，測試並運作良好，可為客戶提供價值的潛在交付系統。

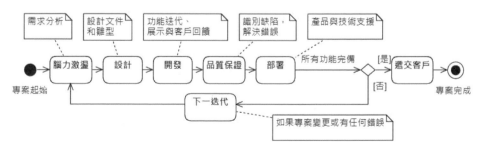

圖 1　敏捷開發流程

2-11 Scrum

Scrum 是用於開發、交付和維持複雜產品（complex products）的敏捷開發框架（framework）。Scrum 是橄欖球術語 scrummage（球員們低著頭緊緊地圍繞在一起，試圖獲得控球權的爭球活動）的簡寫，被隱喻於軟體開發中團隊合作逐步邁進目標的過程。

除了具備敏捷開發強調的跨職能團隊以迭代、增量的方式開發產品或項目，Scrum 開發團隊將每一迭代的工作週期稱為 Sprint（短程衝刺）。Scrum 開發流程如圖 1. 所示，每個 Sprint 通常為 1～4 週，並且無間歇地相繼進行。Sprint 受時間箱（timeboxing）限制，無論工作完成與否都會在特定日期結束，並且從不延長。在 Sprint 過程中不可以增加新的項目，必須在下一個 Sprint 時才可以接受變化。當前這一個 Sprint 週期裡只注重於短小、清晰、明確的目標。團隊每天都會花費簡短的時間來檢驗工作進度，並調整後續步驟以確保完成剩餘工作。對於在 Sprint 結尾，成員也會確認自己可以交付哪些目標集合達成一致的意見。然後，團隊成員與利害關係人一起回顧這個 Sprint，並展示所構建的產品。再將獲取的回饋併入到下一 Sprint 中執行。Scrum 強調在 Sprint 結尾，產生真正完成的工作軟體（working software）。

1. 角色

Scrum 角色通常可簡略分成三類：
(1) 產品負責人（Product Owner，PO）：決定產品方向的最終決定權。
(2) 領導者（Scrum Master，SM）：負責流程諮詢、專案監督和控管。不同於一般專案的專案負責人（Project Leader 或 Project Management，PM），SM 沒有任何人事、產品方向、甚至使用資源的實權，僅是專注在系統的開發管理。
(3) 開發人員（Development Team，DV）：負責需求細節的執行。

9. 物件

Scrum 使用的物件，常提及包括下列六項：
(1) 項目（Item）：又稱故事（Story），是 PO 定義的系統需求，也就是產品的功能方向。Item 大小要講究，一個 Sprint 有太多個 Items 不易完成；太少又容易覺得整個 Sprint 一事無成，讓成員沒有成就感。
(2) 工作（Task）：是 DV 針對各個 item，列出完成所需的工作。工作分配是 DV 自己安排，不是由 PO 或 SM 指派。
(3) 產品待辦清單（Product backlog）：由 PO 負責整理的產品方向，以 Item 為單位，順序由上而下執行。

(4) Sprint 待辦清單（Sprint backlog）：DV 向 PO 承諾此 Sprint 會盡力完成以 Task 為單位的工作清單。

(5) 潛在可交付產品增量（Potentially shippable product increment）：專案的產出，就是立即可上線的 Items。

(6) 燃盡圖（Burndown chart）：工作量的觀察指標。通常用於表示剩餘工作量上，橫軸（X）表示時間，縱軸（Y）表示以 Task 大小為單位的工作量。

　　Scrum 跟其他敏捷開發方法最大差異是將人（PO、SM、DV）、事（Sprint、Item、Task）、物（Product backlog），很明確的定義處理。在 Scrum 的框架下，專案團隊的成員會得到尊重和授權，在一個正面循環下會不斷增加自己的能力和產品品質，成就感和滿意度都是遠超過採用 PM 領導的傳統開發模式。不過，自我管理與自行工作分配的決策與執行，對每位成員都有相當巨大的壓力。

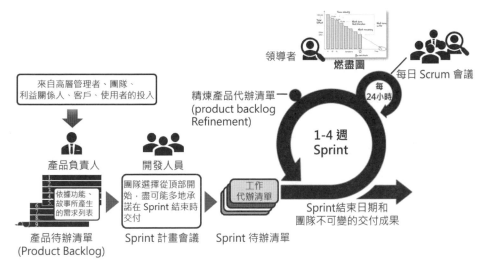

圖 1　Scrum 開發流程

（圖片來源：Sutherland, J., & Schwaber, K.（2007）. The scrum papers. Nuts, Bolts and Origins of an Agile Process. p.16）

圖 2　Scrum 專案團隊的三個主要角色

2-12 統一軟體開發過程（RUP）

　　傳統系統開發與設計的團隊，是採取循序方式執行每個工作流程，也就是如圖 1. 所示瀑布生命週期的方式，直到最後系統完成時才開始測試。屆時，在分析、設計和實作階段的問題會大量的出現，導致開發可能停止並開始一段漫長的錯誤修正週期。

　　靈活、風險較小的開發方式應該是透過多次不同的開發工作流程，這樣可以更好地理解需求，建構出一個穩健的系統，並交付出一系列逐步完成的版本。在工作流程每一次循環的過程，稱爲迭代（Iteration）。

　　統一軟體開發過程（Rational Unified Process，RUP）就是迭代的模型。如圖 2. 所示，RUP 中的每個階段可以進一步分解成循環的子項目。一個迭代就是一個完整的開發循環，產生一個可執行的產品版本，而此產品版本也是最終產品的一個子集。藉由迭代的過程，增量地發展方式，從一個迭代過程到下一個迭代過程，直到完成最終的系統。

　　RUP 是由發明 UML，後來加入 Rational 公司的 Booch、Rumbaugh 和 Jacobson 聯合制定的一種物件導向系統開發的模式。RUP 描述如何有效地利用商業可靠的方法，開發和部署軟體系統，可以爲所有層面的系統開發提供指導方針，因此相當適用於開發大型資訊系統的專案。RUP 主要包括下列三項特點：
(1) 系統開發是一個迭代過程。
(2) 系統開發是由使用案例（use case）驅動。
(3) 系統開發是以構架設計（architectural design）爲中心。

　　簡單地說，RUP 就是：使用案例驅動、以架構爲中心的迭代增量開發方法。RUP 在資訊系統生命周期中的指導方針和模板包括：迭代式開發、管理需求、採用基於元件（component）的架構、視覺化塑模、持續性品質驗證、控制需求的變更[註4]。如圖 3. 所示，RUP 將一個系統開發的生命週期，在時間軸分解爲四個順序的階段：
(1) 初始階段（inception phase）：建立商業案例（Business Case）。
(2) 細化階段（elaboration phase）：了解問題領域和系統架構。
(3) 構建階段（construction phase）：系統設計、實作和測試。
(4) 移轉階段（transition phase）：由開發環境轉換至操作環境。

　　這些指導方針與 Rational 公司的產品線緊密結合，既推動了 Rational 產品的持續開發，也被 Rational 的技術團隊用來幫助客戶提高其軟體開發工作，以及測試、UI 設計、資料工程等在內之其他技術的品質和可預測性。

[註4] https://en.wikipedia.org/wiki/Rational_Unified_Process

　　不過，RUP 為了無所不包，相對使得執行程序相當龐大，非常耗費時間與成本，不論是學習或管理都很困難。再加上 RUP 主要是 Rational 公司為了結合該公司產品而發展出來的系統開發方法，因此，嚴重限制了 RUP 的發展與普及。

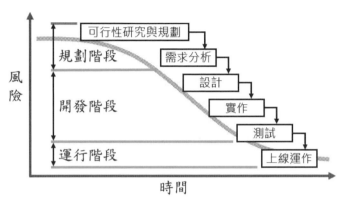

圖 1　瀑布模式的風險

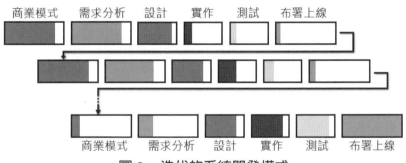

圖 2　迭代的系統開發模式

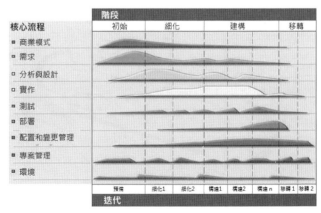

圖 3　RUP 各階段的作業分配

2-13 極限開發（XP）

極限開發（eXtreme Programming，XP）是敏捷開發中相當著名的一種模式。相對於傳統開發方式將重點放在分析與設計的定義內容上，XP 的特徵完全依據敏捷開發方法的以人導向，將重點放在專案的參與者。

1. 以人為導向的專案開發

多數開發程序比較注重管理層面，為了減少人為影響作業結果的狀況，因此要求各個專案成員必須切實遵循作業規範進行作業。但是，XP 對於專案進行的步驟並沒有詳細規範，只有設定簡單的實踐練習（practice）操作規則。同時也強調，要以各個專案成員的能力與溝通協調機制來完成專案。也就是說，人才素質與直接溝通的方式，是 XP 程序中非常重要的關鍵。XP 定義系統開發的四種基本活動（activities）：(1) 傾聽（listening）、(2) 設計（design）、(3) 撰寫程式碼（coding）、(4) 測試（testing）。

XP 之所以可以成功，是因為它強調客戶的滿意度。傾聽的重點是傾聽客戶的實際需求，了解商業邏輯（Business Logic）需求背後的故事，持續地在程式設計師與客戶間進行溝通。依據這四個基本活動，可以將 XP 表示如圖 1. 所示的活動迭代。實務操作上，XP 還有一特點就是重構（refactoring），對於未來的功能追加或樣式變更的可能性，並不會預留程式碼。所以當實際需要追加功能時，到時候再進行設計的作業。也就是說，XP 不會採取固定的設計方式，而是接收不同變化的需求時，才會展開再設計的活動。

XP 撰寫程式的方式，大多是採用 2 人共用一組設備的方式進行，例如一位邊寫程式，邊向另一成員說明，而另一成員則協同檢驗程式，以確保品質。由於搭檔可能隨時更換，每個人的角色定位也會隨之改變，所以專案每一成員較容易藉此了解系統全貌。

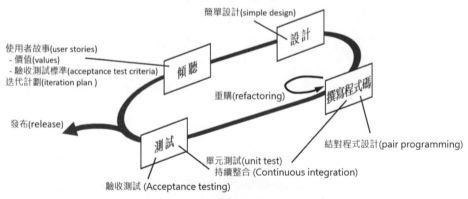

圖 1　極限開發基本活動迭代

2.單日作業流程

如圖 2. 所示，典型的一天活動過程。為求效率，XP 專案會議講求站立開會，所有成員分別表達昨日狀況、今日預定工作、團隊變更事項等，讓成員掌握團隊整體狀況。會議結束便開始開發作業的鐵三角：先是製作測試程式，接著實作程式，最後進行重整。重整完後，只對所需範圍進行測試。完成所需範圍的測試後再進行下一迭代循環。

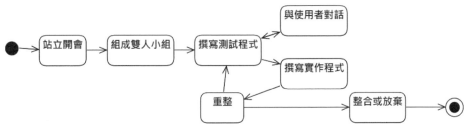

圖2　XP 開發工作的一天

製作測試程式時，通常會向客戶或直接使用者確認功能能與規格。使用者若能加入團隊，便能即時回答問題。當單元測試結束後，就會進行整合作業，再請使用者對當日成果進行驗收測試，確認是否符合需求，否則翌日就得從新開始。

XP 以溝通、簡單、回饋、尊重和勇氣，五種基本方式改進系統開發的專案。每一個步驟的成功都加深了對團隊每位成員獨特貢獻的尊重。

XP 對於系統開發有幾點需要注意：

(1) 避免更換成員：XP 在成員之間面對面的溝通，很多資訊都存在專案成員個人的頭腦內。如果中途撤換專案成員，新加入的成員可能只得透過既有的程式碼來了解系統架構。

(2) 不適合大型系統開發：基於溝通的模式，每次的搭檔與分配的任務經常變動，專案成員必須要完全了解系統全貌。如果開發的是大型資訊系統，每個成員需要知悉的項目就會很多，不僅難以兼顧，也妨礙 2 人小組的程式設計方式。

(3) 需有系統開發經驗：如果專案成員熟悉商業邏輯（Business Logic）的架構設計，便可以一邊規劃架構，一邊進行系統開發。但如果專案團隊缺乏這類的成員，只依賴 XP 簡單的設計與重構程序，一旦多次迭代後需要追加功能，就可能漏洞或問題叢生。

三、物件導向分析與設計方法

2-14 物件導向分析與設計概念

物件導向逐步應用在系統開發的各個階段，從分析到撰寫程式碼，出現了如Booch86、階層式物件導向的設計（Hierarchical Object Oriented Design，HOOD）、物件導向系統設計（Object Oriented System Design，OOSD）、物件導向系統分析（Object Oriented System Analysis，OOSA）、物件導向分析（Object Oriented Analysis，OOA）和物件導向法（ObjectOry）。不過，這些早期的方法並不是以物件導向分析為基礎，仍舊是基於結構化分析的方法。到1989年之後，物件導向方法的研究重點，開始轉向軟體生命週期的分析階段，並將OOA和OOD密切地聯繫在一起，發展出如Coad和Yourdon的OOAD、Rumbaugh等人的物件塑模技術（Object Modeling Technique，OMT）、Jacobson的物件導向軟體工程（Object-Oriented Software Engineering，OOSE）、Firesmith的物件導向需求分析與邏輯設計，以及Martin和Odell、Shlaer和Mellor等專家提出的物件導向分析與設計方法。這些方法各有長處，各有支持者，以致各領風騷，對系統開發產生無法互通的負面影響。

1994年，Grady Booch、Ivar Jacobson、James Rumbaugh三人開始研議物件導向分析與設計的共同語言，並向國際中立的協會－物件管理組織（Object Management Group，OMG）提出UML。在1997年，OMG正式推出UML 1.1版，讓物件導向系統分析與設計有了統一的趨勢。OOD技術實際上早於OOA技術而出現，目前在OOA和OOD之間已經很難明確的區隔。兩者之間的解釋如下[註5]：

(1) 物件導向分析

物件導向分析（OOA）建立於傳統資訊塑模技術的基礎之上，可以定義成是一種從問題領域（program domain）詞彙中，以發現類別和物件的概念，來釐清需求的分析方法。OOA的結果是一系列從問題領域中導出的「黑箱」物件，OOA通常使用情節（scenario），也就是「發生在問題領域中一連串的活動序列」，來幫助確定基本的物件行為。在對一個既定的問題領域進行OOA

[註5] Booch, G., Maksimchuk, R. A., Engle, M. W., Young, B. J., Connallen, J., & Houston, K. A. (2008). Object-oriented analysis and design with applications. *ACM SIGSOFT software engineering notes*, 33(5), p.36.

時，是使用應用框架（frameworks）的概念。框架是應用或應用子系統的骨架，包含一些具體或者抽象的類別。也就是說，框架是一種特定的階層式結構，包含描述某一問題領域的抽象父類別。

(2) 物件導向設計

在物件導向的設計（OOD）階段，注意的焦點從問題轉移到解決方案。OOD 是一種包含對所設計系統中「邏輯的」和「實體的」過程描述，以及系統的靜態和動態模型符號的設計方法。

依據物件導向的方法進行系統開發的最基本方式，如圖 2. 所示，是先收集實體環境的需求，並進而分析需求，了解現實環境的問題領域所涉及的實體物件，然後將實體物件模擬成程式中的類別與物件，再進一步依據物件之間互動關係的活動轉換成程序（procedure），就可建立出問題的物件模型。良好的物件模型，能夠真實反映要解決的實質問題。而且，使用 OOA/OOD 方法時，在類似問題領域中，回顧以前的結果是很重要的，因為「再利用」是物件導向很重要的一個優勢。

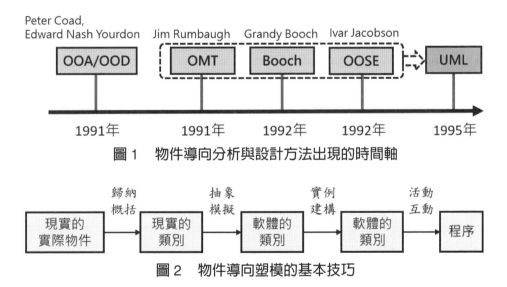

圖 1　物件導向分析與設計方法出現的時間軸

圖 2　物件導向塑模的基本技巧

2-15 結構化與物件導向分析設計之比較

1. 差異

結構化與物件導向系統分析與設計的技術，在不同層面的差異比較如下：

(1) 階段轉移：結構化技術在分析與設計上使用不同的模型；而物件導向技術則是在分析、設計，甚至包括程式與資料庫設計，均使用相同的模型描述方式。

(2) 系統執行：結構化技術的目標著重於以處理和功能為主；而物件導向技術則是以物件與資料為目標重點。

(3) 採用方式層面：結構化技術易學、但較難使用；而物件導向技術則是易懂、但較難學習。

(4) 設計流程：結構化是採取由上而下（Top-down）的分析與設計方式，而物件導向則是採用由下而上（Bottom-up）的設計。

(5) 資料與處理：結構化是將資料與處理各別分析設計。使用時，程式讀取資料，運算處理完畢再回存，因此資料屬於被動；而物件導向則是將資料與處理封裝於類別內，因此分析設計是同時考量。

(6) 圖形繪製：結構化分析與設計大多採用實體關係圖（Entity-Reality Diagram，ERD）表達資料之間的關係、資料流程圖（Data Flow Diagram，DFD）表達功能與資料之間的流程與關係、資料字典（Data Dictionary）表達資料庫結構等傳統圖形方式。物件導向則是以 UML 圖形描述為主。

2. 優劣

依據結構化與物件導向分析與設計的差異，比較兩者技術上的優劣，可簡述如表 1. 所示：

表 1 結構化與物件導向分析設計之優缺點比較

結構化	優點	• 由上而下，將複雜度切割成較為單純的細項 • 學習容易
	缺點	• 整合時容易發生無法預期狀況 • 系統建立於功能之上，功能如需變更，需花費較高成本，且增加專案失敗風險 • 分析與設計之間存在鴻溝 • 實體關係圖轉換資料庫模型時會產生語意的喪失 • 與「商業程序」（business process）沒有一致的直接映對（direct mapping）關係 • 處理大型系統，會大幅增加複雜度 • 設計的結果會受資料庫系統類型與程式語言的限制 • 難以進行反向工程（reverse engineering）

物件導向	優點	• 分析與設計之間使用相同模型，階段之間移轉平順 • 縮短開發時程 • 維護容易 • 成本較易掌控 • 擴充方便 • 適應性強，適用於各類型資訊系統的開發 • 提升系統開發品質與可靠性 • 概念簡單 • 提高軟體開發的生產力（productivity） • 再用性（reusability）高 • 符合軟體工程的正向、反向工程
	缺點	易懂難學 分析與設計文件較為繁複或瑣碎

　　如圖 1. 以圖書館自動化系統的流通（circulation）借閱模組為例，傳統結構化的分析與設計方法採取由上而下，著重於各流程執行的功能規劃；而 OOA/OOD 方法則是由問題領域切入，關切流程中物件之間互動的關係。

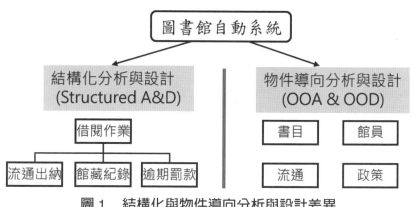

圖 1　結構化與物件導向分析與設計差異

2-16 OOA方法

物件導向分析（OOA）與物件導向設計（OOD）方法最初是由 Coad 和 Yourdon 在 1991 年提出[註6]。Coad 和 Yourdon 認為 OOA/OOD 方法的主要結果，是透過降低處理問題的複雜度而產生的。強調 OOA、OOD 與物件導向程式（Object-oriented Programming，OOP）的結果可以重複使用。並且，OOA、OOD 與 OOP 三者之間能夠提供一致的表示方式，改善分析人員與問題領域專家之間的交流溝通。

對於開發一個大型資訊系統，最好的方式是先將問題領域細分為幾個主題（subject），然後再進行如圖 1. 所示的分析程序。

1. 確認問題領域的類別與物件

確認類別與物件最基本的方式是研究問題領域，透過下列選項來發現可能的類別或物件：(1) 結構、(2) 其他系統、(3) 設備、(4) 被記住的事情或事件、(5) 扮演的角色、(6) 使用的流程、(7) 實體位置或地點、(8) 有組織的單元。

在此步驟，系統分析師透過對問題領域深入地分析與了解，確認出組成系統核心以及相關的物件。

2. 識別結構

結構分為兩種：

(1) 一般－特定結構（Gen-Spec [Generalization/Specialization] structures）：表達物件與物件之間連結的關係。

(2) 整體－部分結構（Whole-Part structures）：表達物件是由其他相關物件組成的結構。

找出「一般－特定」結構與「整體－部分」結構的物件後，就可以確認出多重結構，然後再將這些結構關係加入到 OOA 的視圖內。

3. 確定主題

此階段主要目的是為了降低模型的複雜度，將模型分解成更容易管理和理解的主題領域。

4. 決定屬性

在識別各主題運作所需的屬性後，就可以確認物件之間實例（Instance）連

[註6] Coad, P., & Yourdon, E. (1991). Object-oriented analysis. Yourdon press.

結的關係。對於屬性和實例之間的關聯檢查確認後，便可將屬性與實例連結加入 OOA 的視圖內。

5. 定義服務

服務規範包括建構、儲存、檢索、存取、刪除和連接物件等作業。界定出服務之後，就可以確認訊息（message）傳遞的連結狀況。訊息包括資料流（data flow）與控制流（control flow），確認連結後再將各個服務的訊息連結加入 OOA 的視圖內。

6. 製作文件

OOA 最後一個階段是製作、整理產出的文件。包括依據需求分析的系統需求規格書（System Requirements Specification，SRS）、類別與物件的規格定義，以及涵蓋第五章所介紹的 OOA 各個視圖。

上述基礎規則並沒有絕對的時間先後關係，依據這些規則，在分析階段便可建立包含下列五個層級（layer）的 OOA 模型：(1) 主題層、(2) 類別和物件層、(3) 結構層、(4) 屬性層、(5) 服務層。

如圖 2. 所示，當分析階段進入設計階段時，OOD 則為 OOA 的這五層建立了下列四個不分先後關係的元件（component），進行連結：(1) 人機互動（human interaction）、(2) 問題領域（problem domain）、(3) 任務管理（task management）、(4) 資料管理（data management）。

圖1　OOA 方法的通用基礎程序

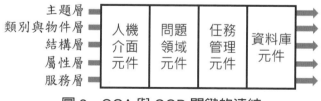

圖2　OOA 與 OOD 關鍵的連結

2-17 OOD方法

使用 OOA 作爲解決方案的重點包括：介面設計、物件導向程序設計、資料庫設計三個部分，依此三部分可分成下列 4 個設計層面探討：

1. 人機介面元件（human interaction component）

介面包括物件之間的介面類別，以及使用者操作的互動介面。

使用者操作的互動介面設計包括針對資訊系統呈現的平台，依據該平台介面的性質，例如桌上型電腦、手持設備（手機或平板）等，區分前台、後台介面，參考使用者設計（User Interface，UI）與使用者經驗（User eXperience，UX）進行操作和執行介面。

設計時可參考下列一些基本原則：

(1) 風格的一致性。

(2) 操作步驟的最小化。

(3) 適時提供使用者訊息的回饋。

(4) 具備執行回復的功能。

(5) 避免使用者需要記憶的操作方式。

2. 問題領域元件（problem domain component）

定義應該在問題領域中的類別，設計步驟如下：

(1) 找出以前設計可以被重用的類別。

(2) 增加根類別，並將特定於問題領域的類別分組。

(3) 抽象出公用服務，建立並增加父類別。

(4) 修正問題領域模型以改善性能。

(5) 確認並加入到 OOA 模型中的細節。

3. 任務管理元件（task management component）

任務可以分爲以下 4 種：

(1) 由事件觸發的事件驅動任務（Event-Driven Tasks）。

(2) 由特定的時間間隔觸發的時序驅動任務（clock-Driven Tasks）。

(3) 依任務優先權而定的優先任務（Priority Tasks）。

(4) 關鍵任務（Critical Tasks）。

設計原則是先對所有的任務進行審查，以確保所使用的任務數量最小，且可被理解。然後確認任務是什麼、如何協調任務，以及任務之間如何溝通來定義每個任務。

4. 資料管理元件（data management component）

　　資料庫的設計是「在某特定的使用者環境及應用中，進行資料庫結構的設計工作，以期能滿足使用者及所有應用過程的資訊需求」【註7】。

　　設計資料庫結構，也就是資料庫內資料表的結構關係，不正確的結構經常會造成使用上的問題、應用系統開發上的困難或資料的錯誤。因此在設計資料庫之前，必須要執行正規化（normalization）。正規化主要的目的，是達成資料的一致性，減少資料重覆的問題。

　　E. F. Codd 設計了關聯式代數（Relational Algebra）所發展的 SQL 與關連式資料庫模型，於 1970 年提出第一正規化（First Normal Form，1NF），1971年提出 2NF 與 3NF，1974 年再與其同事 R. F. Boyce 提出 Boyce-Codd 正規化（BCNF），後來一直到 2002 年之前還有 C. Date 的 4NF、H. Darwin 的 5NF、R. Fagin 的 Domain/key 正規化（DKNF）、Lorentzos 等人提出的 6NF 及其他後續的一些正規化。不過在實際規劃設計資料庫時，通常只會用到前三個正規化即可滿足多數系統的資料需求。

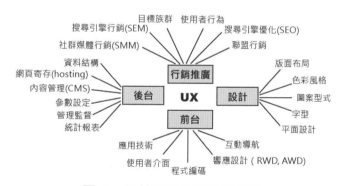

圖 1　網站平台 UX 設計重點

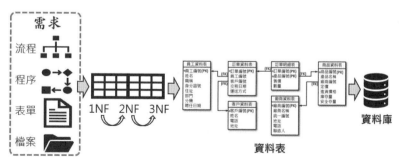

圖 2　資料庫設計的正規化

【註7】　Batini, C., Lenzerini, M., & Navathe, S. B. (1986). A comparative analysis of methodologies for database schema integration. *ACM computing surveys (CSUR)*, 18(4), 323-364.

2-18 OMT方法

物件模型技術（Object Modeling Technique, OMT）是在 1991 年由 Rumbaugh、Blaha、Premerlani、Eddy 和 Lorensen 等人提出的 OOA 與 OOD 方法，其目的是建立一系列的模型，再透過這些模型不斷地對系統設計進行改良（refinement），直到找到最後適合實現的模型。

如圖 1. 所示，OMT 方法的開發過程分為下列 5 個步驟：

(1) 分析（Analysis）：分析問題領域並進行塑模。

(2) 系統設計（System design）：設計系統整體的結構。

(3) 物件設計（Object design）：對物件結構進行改良，並為物件添加細節。

(4) 實作（Implementation）：使用擬定的程式設計語言實作物件和類別，並驗證系統是否正確解決需求。

1. 分析

分析階段準備對現實世界進行精確和正確的塑模，以顯示其重要屬性和需求的問題領域。分析階段從定義包含一組目標的問題敘述開始，然後將該問題陳述擴展為物件、動態和功能三個模型。整個分析過程包括 5 個步驟：

(1) 編寫問題敘述（Problem Statement）：由問題領域編寫問題陳述是建構分析的最開始。

(2) 建立物件模型（Object Model）：此模型代表了系統的工件（artifact，或譯為物品），描述發生事情的物件。顯示了現實世界系統的靜態資料結構或框架，並將整個應用程序劃分為物件。

(3) 建立動態模型（Dynamic Model）：描述什麼時候發生的。表示先前設計工件之間的互動，這些互動被設計為事件、狀態和轉換。

(4) 建立功能模型（Functional Model）：描述發生了什麼。從資料流的角度，功能模型代表系統的操作（系統行為）。

(5) 改良（refinement）物件模型、動態模型和功能模型，並建立文件：系統分析完畢，要能驗證分析的模型是否能夠滿足需求，此時應有問題領域的專家協同參與。

2. 系統設計

系統設計階段將整體系統劃分為子系統、同步任務（concurrent tasks）和資料儲存確定整體系統的架構。在系統設計過程中，設計了系統的較高層級的結構，並進行下列作業：

(1) 將系統整體分割成子系統，然後分配這些子系統的程序和任務，同時考慮到並行（concurrency）與合作（collaboration）。

(2) 為了能夠管理和分享資訊的策略，建立持續性的資料儲存。

(3) 檢查邊界（boundary）狀況，包括系統的初始化、結束與失敗狀況。

(4) 確認交易的優先順序。通常系統目標不是都能達成，所以要折衷爲不同目標設定不同的優先權。

3. 物件設計

物件設計階段制定了實施計劃。物件設計制定對實現問題解決方案所需的現有和後續所需的類別、關聯、屬性和操作進行全面的分類。在物件設計中涵蓋：

(1) 對任何實作所需之內部物件的操作與資料結構都需要完整的定義。

(2) 確定類別級別的關聯（associations）關係。

(3) 檢查繼承、聚合、關聯和預設值的問題（issues）。

兩個或多個類別之間的任何依賴關係都是關聯。從一個類別參照（reference）到另一個類別就是一個關聯。關聯通常對應於靜態動詞或動詞片語，例如位置、定向活動（directed action）、溝通（communication）、所有權（ownership）或某些條件的滿意點。

4. 實作

OMT 的實作（implementation）階段是將設計轉換爲程式語言的結構。具備良好的軟體工程是非常重要的，這樣設計階段才能順利地轉換到實作階段。因此，在選擇採用哪種程式語言時，建議應著重以下重點：(1) 增加彈性、(2) 易於修改、(3) 爲了設計的可追溯性、(4) 提高效率。

5. 測試

測試（Testing）用來驗證系統是否被正確地實現。在分析和設計階段也涵蓋了部分的實作和測試活動。也就是說，分析、設計、實作和測試在迭代式的開發中是交錯進行的活動。測試可能會實施在不同的層次，例如：單元測試、整合測試和系統測試。

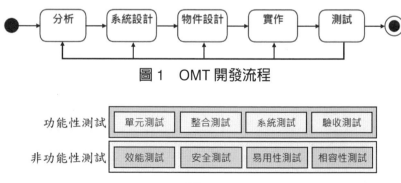

圖 1　OMT 開發流程

圖 2

2-19 Booch方法

　　Booch 方法是被認定爲最早的物件導向設計方法之一（另一最早的物件導向方法是 Harel 提出的 Statecharts 方法[註8]）。Grandy Booch 於 1986 年發表的一篇論文描述了該方法[註9]，隨著描述該方法的書籍出版後，Booch 方法被廣泛的採用。Grandy Booch 認爲建立模型對於複雜系統的構造是非常重要的。Booch 方法是一個迭代、漸進式的系統開發程序，可以分爲巨觀和微觀兩個發展程序。

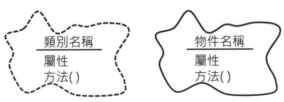

圖1　Booch 方法的類別與物件圖示方式

1. 巨觀發展程序（Macro Development Process）

　　巨觀程序用於控制微觀程序，巨觀程序代表了整個開發團隊一個時間區間（例如幾個月或數個星期）所進行的活動，此階段主要關注焦點爲系統的技術管理。主要涵蓋下列五個階段：

(1)概念化（Conceptualization）

　　概念化是個強調創造性的過程，所以沒有嚴格的開發規則，其目的是建立系統的核心需求，建立一套目標並開發雛型（prototype）以證明這個概念。

(2)分析（Analysis）

　　分析強調系統的行爲，其目的是通過識別出構成問題領域詞彙表的類別和物件來爲系統塑模。透過下列兩個活動達成領域分析（Domain Analysis）和情節規劃（Scenario Planning）的分析：

a.領域分析活動：識別出問題領域中的類別和物件，使用如圖 1. 所示的圖示方式，來描述角色和物件的職責。

b.情節規劃活動：分析過程中的主要步驟。通常，情節（scenario）代表了可以被測試的活動，主要執行的目標是確定系統主要的功能，使用物件圖或互動圖來描述期望的系統行爲。

[註8]　Harel, D. (1987). Statecharts: A visual formalism for complex systems. *Science of computer programming, 8*(3), 231-274.

[註9]　Booch, G. (1986). Object-oriented development. IEEE transactions on Software Engineering, (2), 211-221.

(3) 設計（Design）

設計階段的目的是建立系統的架構。使用類別圖來決定存在哪些類別，以及彼此之間如何相互關聯。接下來，使用物件圖來決定使用哪些機制來規範物件的合作（collaborate）方式。

(4) 進化或實作（Evolution or Implementation）

對系統透過多次迭代的改良，使得系統更趨完善。進化的主要產品是一系列可執行版本的軟體。這一版本是對系統結構的第一個版本不斷改良而產生的。進化還產生了用來替代設計或後續擴充系統功能未知部分的試探性模型。

(5) 維護（Maintenance）

維護階段的目的是管理軟體的交付使用，這個階段是進化階段的後續。在這個階段，主要是對系統進行本地化變更（localized change）以添加新的需求，並解決發現的錯誤。

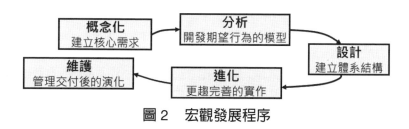

圖2　宏觀發展程序

2. 微觀發展程序（Micro Development Process）

每個巨觀發展程序都有自己的微觀發展程序。微觀發展程序基本上代表了系統開發者個人或小組對日常活動的描述。微觀發展程序是由4個無時間順序的活動組成，它打破傳統分析與設計方法中的階段，過程是由時機來決定的：

(1) 識別類別和物件。
(2) 識別類別和物件語義（semantics）。
(3) 識別類別和物件關係（relationship）。
(4) 識別類和物件的介面和實作。

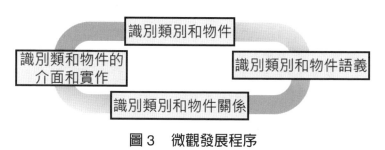

圖3　微觀發展程序

2-20 OOSE方法

物件導向軟體工程（Object Oriented Software Engineering，OOSE）是由 Jacobson 於 1992 年提出的系統分析與設計方法[註10]。OOSE 結合了：物件導向程式（Object-Oriented Programming）、概念塑模（Conceptual Modeling）、區塊設計（Block Design）3 種成熟的技術。特性為：

(1) 引用了物件導向程式設計技術的封裝、繼承、類別和實例間的關係等概念。
(2) 採用了概念塑模法為所分析的系統建立各種不同的模型。使用物件導向概念和為動態行為塑模的可能性來擴充這些模型。透過這些模型理解系統，並提供一個定義良好的系統結構。
(3) 應用了通信領域硬體設計的區塊設計方法，構成系統的模組（module），這些模組具備自有的功能，並能彼此相互連結。如此，提高了軟體的可更改性和可維護性。

OOSE 方法最大的貢獻是引入了使用案例（Use Case）的概念。如圖 1. 所示，使用案例是系統與參與者（Actor，系統的使用者。可以是人、機器或外部的資訊系統）之間為了特定目的（或功能）而產生的特定互動。因此，OOSE 方法屬於使用案例驅動方法（Use Case Driven Approach）。OOSE 執行的程序可以分為如下三個階段：

1. 分析（Analysis）

分析階段的目的是根據系統的功能需求來理解系統，找出物件，描述物件的交互作用。此階段產生兩種模型：

(1) 需求模型（Requirements Model）：需求模型由下列 3 個模型組成：
  a. 使用案例模型：描述了參與者（Actors）和使用案例（Use Cases）。其中，參與者定義了使用者與系統交換資訊的過程中所扮演的角色，使用案例則描述了系統功能，與功能之間的關係。
  b. 問題領域物件模型（Problem Domain Object Model）：描述了系統的邏輯視圖。
  c. 介面描述（Interface Description）：包括對使用者介面的描述和對與其他系統介面的描述。
(2) 分析模型（Analysis Model）：依據介面物件（interface objects）、實體物件（entity objects）和控制物件（control objects），3 種類型的物件來構成系統，為設計提供了基礎架構。

[註10] Jacobson, I. (1992). *Object-oriented engineering: A use case driven approach.* Addison-Wesley.

2. 構造（Construction）

構造階段的執行分為設計與實作兩個步驟：

(1) 設計（design）

設計依序包含三個階段：

a. 確定系統實現環境，並研究實現環境對設計的重要性。

b. 建立設計模型。在設計模型中，分析物件被轉變為適合於實現環境的設計物件。

c. 描述每個使用案例中物件間的互動關係，產生物件介面。

此步驟將分析模型進一步細化成設計模型。設計模型使用互動圖（Interaction Diagram）與狀態移轉圖（State Transition Graphs）表達。此外，還要定義物件的介面和操作的語義，確定採用何種資料庫系統和程式語言。

(2) 實作（implementation）

使用程式語言實作每個物件。通常在設計模型部分完成時，就可以開始實作系統。

3. 測試階段（Testing）

測試階段根據規格檢驗完成的系統是否滿足要求。測試的次序是先進行單元測試，最後再進行系統測試。步驟則是從測試計劃開始，以測試報告結束：

(1) 測試計畫：作為測試活動過程的參考。

(2) 測試規範：測試規範確定要進行哪種測試以及測試的案例。

(3) 測試報告：根據測試規範進行測試，如果測試失敗，必須對失敗原因進行分析，以及提出後續解決的狀況。

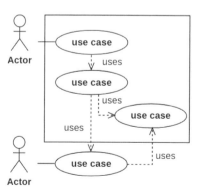

圖 1　OOSE 的使用案例圖形

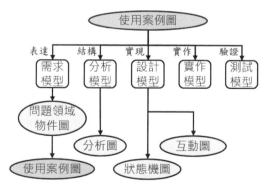

圖 2　OOSE 各階段文件使用的圖形

第3章
UML基礎

3-1 統一塑模語言 UML

資訊系統分析與設計方法的發展，在 1980 年代可以說是百花齊放，尤其是在物件導向的領域。隨著資訊科技持續地發展與多元化，各種方法也逐漸整併、調整、收斂，或是被淘汰。統一塑模語言（Unified Modeling Language，UML）整合了 Grady Booch、James Rumbaugh 和 Ivar Jacobson 所提出的物件導向的符號與圖形，而且在此基礎上進一步發展，進化成為系統開發領域所接受的塑模語言。

1. 背景

物件導向塑模語言最早出現在 1970 年代中期[註1]（當然，主要是基於當時物件導向程式語言和個人電腦的發展），從 1989 年到 1994 年之間，物件導向塑模語言數量就從大約 10 個增長到超過 50 種[註2]，這些塑模語言具有不同的符號體系，且適用的系統類型也有限，使用者很難找到一個可以滿足各類系統開發的塑模語言。此外，不同使用者之間採用不同的塑模語言，會嚴重地影響設計者、開發者，和客戶之間的溝通。因此，需要在各種不同塑模及物件導向程式語言的特徵上，截長補短地建立一個通用且統一的塑模語言。

Grady Booch、James Rumbaugh 和 Ivar Jacobson 開始借鑒彼此的方法，Grady Booch 採用了 James Rumbaugh 和 Ivar Jacobson 的分析技術；James Rumbaugh 的 物件塑模技術（Object Modeling Technique，OMT）方法也採用了 Grady Booch 的設計方法。最終誕生了 UML，並逐步統一不同符號體系的混亂。

2. 發展

1994 年 10 月，James Rumbaugh 加入了 Graddy Booch 所服務的 Rational 公司。該公司的 UML 專案整合了 Booch 方法和 OMT 方法，並於 1995 年 10 月公布了統一方法（Unified Method，UM）0.8 版。不久之後，物件導向軟體工程（Object-Oriented Software Engineering，OOSE）方法的創始人 Ivar Jacobson[註3] 也加入了 Rational 公司，在 UML 專案中導入了 OOSE 方法，之

[註1] Engels, G., & Groenewegen, L. (2000, May). Object-oriented modeling: a roadmap. In *Proceedings of the Conference on the Future of Software Engineering* (pp. 103-116).

[註2] Booch, G., Rumbaugh, J., Rumbaugh, J., Jacobson, I. ((1999). *The Unified Modeling Language User Guide*. Addison-Wesley., p.14.

[註3] Jacobson, I. (1993). Object-oriented software engineering: a use case driven approach. Pearson Education India.

後在 1996 年 6 月將 UM 改名爲 UML，並發布了 UML 0.9 版。

至 1996 年，許多軟體公司已經將 UML 作爲其商業應用的主要塑模工具，並提議成立 UML 協會，以便能夠更進一步地提升並推動 UML 的相關規範。包括迪吉多（DEC）、HP、IBM、I-Logix、IntelliCorp、微軟（Microsoft）、甲骨文（Oracle）、德儀（Texas Instruments）、優利（Unisis）等著名公司都加入 Rational 公司的該項工作，制定完成了當時定義最完整、涵蓋範圍最廣的 UML 1.0，並於 1997 年 1 月提交給專爲物件導向系統建立標準的物件管理組織（Object Management Geroup，OMG），申請成爲塑模語言標準。

同年（1997）1 月至 7 月，包括 Andersen Consulting、Ericsson、ObjecTime Limited、Platinum Technology、PTech、Reich Technologies、Softeam、Sterling Software 和 Taskon 等合作夥伴的加入[註4]，由 MCI Systemhouse 的 Cris Kobryn 領導，並由 Rational 公司的 Ed Eykholt 管理的語義工作小組成立，以正式化（formalize）UML 的規範，並將 UML 與其他標準化的工作整合，於 7 月發布了修訂版 UML 1.1。11 月 17 日，OMG 採納了 UML 1.1 作爲物件導向技術的塑模語言標準，正式成爲資訊系統開發的業界標準規範。

往後，OMG 修訂專案小組（Revision Task Force，RTF）接續發布了 UML 1.2、UML 1.3、UML 1.4 和 UML 1.5 等版本，補充並修改了 UML 1.1 許多問題。2005 年，在對 UML 1.X 進行大幅度的修改，OMG 發布了 UML 2.0。直至今日，OMG 仍繼續針對軟體技術的發展，不斷地修正 UML。至本書出版時，最新的版本是 2017 年 12 月發布的 2.5.1 版。

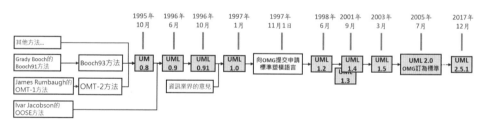

圖 1　UML 發展歷史

[註4]　Booch, G. (1999). UML in action. *Communications of the ACM, 42*(10), 26-28.

3-2 UML 特點

1. 語言內涵

如圖 1. 所示，UML 整合了 Booch、OMT、OOSE 及其他許多物件導向方法的概念與符號，同時並匯集許多專家的理論。

UML 是用於描述和塑模的標準圖形視覺化語言。之所以稱爲 UML，即是強調如圖 2. 所示，將能夠成功開發資訊系統的技術匯集在一起，用於表達了關於該系統之主題的抽象理念，提供在需求和系統的主題上有相互溝通的一致性方法。簡而言之，UML 的特點就在於可視化、標準化，表達模型的抽象概念，便於團隊內部或跨領域之間協同合作的溝通。其語言的內涵包括語意和表示法兩個部分：

(1)語意（Semantic）

UML 有許多規則來規範格式良好（well-formed）的模型，一個格式良好的模型必須具備自我一致性（self-consistent）的語法規則。UML 語意規則包括：名稱（Name）、範圍（Scope）、可視度（Visibility）、眞確性（Integrity）。

(2)表示法（Notation）

定義了資訊系統塑模而設計的圖形與符號，並提供了持續和延伸的擴充，爲使用者或開發工具在塑模時，提供使用這些圖形符號和文字語法的標準。簡而言之，表示法就是塑模時所用到的圖形符號與規則。

2. 主要功能

UML 具備下列主要的功能：

(1)規格化（Specifying）

UML 強調各種重要的分析、設計和實作決策的規格，能夠以最精確、非模糊，且完整地將模型建立出來。

(2)視覺化（Visualizing）

規範圖形符號的繪製標準，透過模型的建立來理解架構和需求。

(3)結構化（Constructing）

UML 是可視化的塑模語言，不是可視化的程式語言，但建立的模型可以直接對應各種程式語言，例如：Java、VB、C#、PHP、Python 等，以及資料庫的表格。

- 正向工程（Forward Engineering）：由 UML 模型產生程式的過程；
- 逆向工程（Reverse Engineering）：由程式產生 UML 模型的過程；

- 全向工程（Round-trip Engineering）：能夠實現正向與逆向交互的過程，則稱為全向工程。

電腦輔助軟體工程（Computer-aided software engineering，CASE）開發工具，許多均能提供正向工程的功能，例如 Rational Software Architect（其先前軟體稱為 Rational Rose）、Visual Paradigm、Prosa UML Modeller 等，還支持正向與逆向的全向工程。

(4) 文件化（Documenting）

資訊系統開發與維運的過程，為軟、硬體，甚至運作環境建立明確、健全的文件是非常重要的。UML 可以提供系統結構與所有運作細節、流程，例如：需求（Requirements）、架構（Architecture）、設計（Design）、原始程式碼（Source code）、專案計畫（Project planning）、測試（Testing）、系統原型（Prototypes）、發行版本（Releases）等等，建立所需的文件。

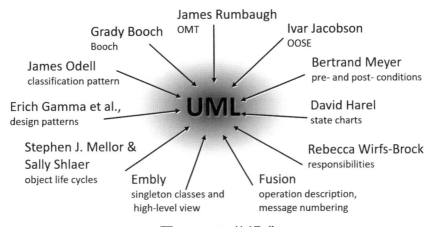

圖 1　UML 的組成

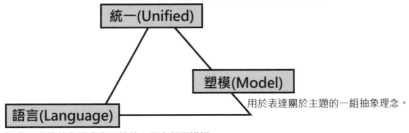

圖 2　UML 的意義

3-3 UML 的組成

就像學習英文，先從字元（a...z）開始學習，再將字元組成的單字、片語和句子一樣。如圖 1 所示，UML 的模型的基礎由三個部分組成：

(1) 構造區塊（Building Blocks）：包括事物（things）、關係（relationships）和圖示符號（icons & symbols）三種元素，代表資訊系統軟體中的某個事物或彼此之間的關係。事物是 UML 物件導向的基本元素，就如同我們學習外語的語法與詞彙。

(2) 規則（Rules）：其內涵包括名稱（names）、範圍（scope）、可視度（visibility）、眞確性（integrity）與執行（execution）。如同學習外語的語義，規則是資訊系統軟體中某些事物應該遵守的約束或規定。

(3) 通用機制（Common Mechanisms）：通俗是使 UML 容易學習或適用範圍廣大的主要原因，其通用機制包括：規格（specifications）、修飾（adornments）、通用劃分（common divisions）、擴充機制（extensibility mechanisms）。通用機制是指於資訊系統軟體中每個事物必須遵守的通用規則。

構造區塊的元素描述事物的基本成分，這些基本成分依照特定的規則關聯在一起並組成圖形，同時，這些基本元素都遵循規則與通用機制。如果只是單純學習 UML 圖形，主要就是掌握構造區塊的各個元素。但如果是要應用在系統分析與設計，就必須熟悉 UML 的規則與通用機制。

UML 模型最基本的單元是元素（element）。元素是正在建模的系統結構或行爲特徵的抽象事物（things），並將語義內容添加到模型中，各個相關的元素透過關係將彼此之間聯結起來，而視圖（diagram）則是如圖 2. 所示用來將元素的集合進行分組，例如使用案例圖、活動圖 ... 等不同類型的視圖。

1. 元素

UML 所有模型的元素都具有屬性，包括名稱、型態，以及其他特性，例如屬於一個類別的屬性和操作（operation，也就是物件導向程式之類別所具備的「方法」），可以進一步定義一些 UML 模型元素。

在圖表中，圖表元素（或形狀）以圖形方式表示模型元素。

---

2. 分類器（Classifier）

在 UML 圖形中，分類器這一個名詞是用於對具有相似結構特徵（包括屬性和關聯）和相似行為特徵（包括操作）的一組模型元素進行分類。

分類器可以具有獨特的選項、可以具有約束、衍生、造型（stereotype），並且可以具有多個標記值。例如，在 UML 模型中，類別和資料型態會有不同的用途（類別建立的實體是物件、資料型態建立的實體是變數），但因為它們具有相似的結構和行為特徵，所以兩者都是分類器。

依據分類器的類型，其隔間是可見或是隱藏的。例如建立一個類別時，預設情況下，屬性和操作隔間都是可見的，但也可以是需要將之隱藏。

UML 模型的分類器共包括下列 13 種：參與者（Actors）、工件（Artifacts）、類別（Classes）、合作（Collaborations）、元件（Components）、列舉（Enumerations）、資料型態（Data types）、資訊項目（Information items）、介面（Interfaces）、節點（Nodes）、角色（Roles）、通信訊號（Signals）、使用案例（Use cases）。

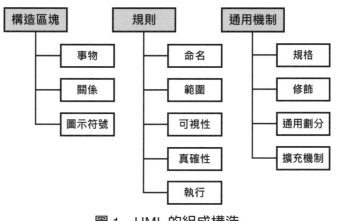

圖 1　UML 的組成構造

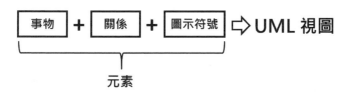

圖 2　UML 圖形組成的核心要素

3-4 事物

UML 模型使用的事物包括下列四種：

(1)結構性事物（Structural things）：用來建立模型的靜態部分，例如參與者（actor）、類別（class）、元件（component）、資訊項目（information item）和節點（node）等分類器（Classifier）。

(2)行為性事物（Behavioral things）：對系統的動態部分進行塑模。通常是使用在狀態機圖和互動圖中找到行為模型元素，表達包括活動、決策、訊息、物件和狀態。

(3)群組性事物（Grouping Things）：又稱組織性事物，是將模型元素分組成各個邏輯上的集合。

(4)註釋性事物（Annotational Things）：提供註解和描述說明。

1. 結構性事物（Structural things）

定義資訊系統軟體中某個實體的元素，描述了事物的靜態特徵。結構性事物使用名詞表示，共分為下列七種：

(1)類別和物件

類別是對具有相同屬性、相同操作、相同關係的一組物件的共同特徵的抽象。如圖 1. 所示，類別是物件的藍圖或範本，物件是類別的一個實體。

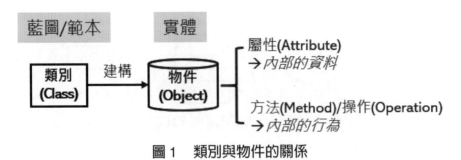

圖 1　類別與物件的關係

a. 類別的圖示符號：

在 UML 中，類別是用一個矩形表示的，它包含三個區域，最上面是類別名稱，中間是類別的屬性，最下面是類別的操作。如圖 2. 所示描述一個名稱為 People 的類別，該類別具備一個資料型態為 int，名稱為 age 的屬性，和資料型態為 String，名稱為 name 的屬性，以及一個名稱為 Hello( ) 的操作。

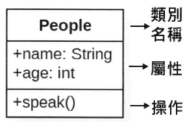

圖2　類別圖示符號

b. 物件的圖示符號：

物件用如圖 3. 所示的矩形表示，在矩形內不寫出屬性和方法，只在矩形框中用「*物件名稱：類別名稱*」，並加上底線表示一個物件；如果是無名的物件，則物件名稱可以省略，但物件與類別名稱之間的冒號絕對要有；如果該物件沒有固定的類別，則類別名稱可以省略。

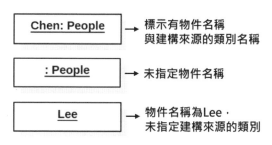

圖3　物件圖示符號

(2) 介面（Interfaces）

介面在軟體內有兩種不同的意義，一是代表系統之間溝通的管道，例如應用程式介面（Application Programming Interface，API）；另一是抽象的類別，也就是該類別的方法都只有宣告而沒有任何的實作。這裡所指的介面是指第一種，系統中的類別所建構的物件，提供外部系統或應用程式呼叫執行的管道。介面的圖形符號表示如圖 4. 所示。

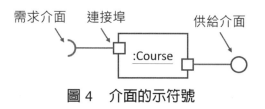

圖4　介面的示符號

(3) 使用案例（Use Case）

　　使用案例是在系統內，為了完成某件任務而執行一系列的動作，將這些動作集合起來，定義了角色（參與者）和系統之間的互動關係。參與者以人形符號表示，使用案例的圖示如圖 5. 所示的橢圓形，其名稱寫在橢圓內部或橢圓下方。

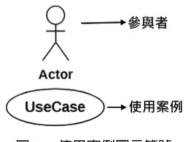

圖 5　使用案例圖示符號

(4) 合作（Collaboration）

　　合作是指物件之間，為了實現目標而進行的互動集合。除了物件之間，合作也可以是類別或其他元素的集合。使用的圖形符號為圖 6. 所示的虛線橢圓形。

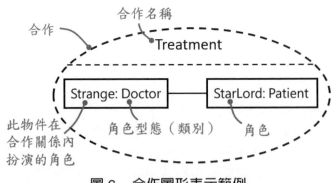

圖 6　合作圖形表示範例

(5) 元件（Component）

　　元件是系統設計中，實際獨立且可更換的軟體部件，它將功能實踐的部分隱藏在內部，對外宣告需求介面或供給介面。例如執行檔、應用程式常使用的動態連結檔（Dynamic Link Library，DLL）、文件檔案都是元件。如圖 7. 所示，元件圖形表示為左邊含有兩個小矩形的矩形圖案，或加上需求介面或供給介面的介面圖示。

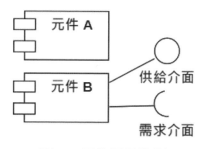

圖 7　元件圖示範例

(6) 節點（Node）

　　節點是系統硬體的部件，通常具備空間處理的能力，代表系統關聯的一項資源，例如一台筆電、一支智慧型手機，或是嵌入式系統。圖形表示為一個如圖 8. 所示的立方體。

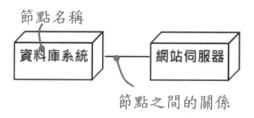

圖 8　節點圖示範例

(7) 主動類別（Active Class）

　　主動類別是指該類別所建構的物件擁有自己的執行緒（Thread）控制，而且該物件可以啟動自己的執行緒，並與其他物件並行工作。主動類別的圖形如圖 9. 所示，和一般類別相同，但是外框以粗邊或雙邊線表示。

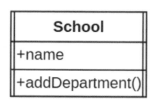

圖 9　主動類別圖示範例

2. 行為性事物 (Behavioral things)

表達系統軟體的動態方面。系統軟體的行為可以藉由模型描述為互動或依序的狀態變化，慣例上用使用動詞表示：

(1)互動 (Interaction)

互動是執行某個任務時，物件之間透過訊息發送和接收的相互作用。互動的表示方式主要是使用一條具備實心箭號的直線表示，箭號表示訊息的方向，並且可以在直線上面標示訊息的名稱。不過實際互動線條的樣式，還是要依據不同的圖形而定，例如循序圖回應的訊息就必須使用非實心箭號的虛線表示。

(2)狀態機 (State Machine)

狀態機是指定物件或物件之間互動之生命周期內，針對事件回應所經歷的狀態序列。也就是說，物件從一種狀態改變成另外一種狀態的狀態序列，這些狀態序列構成了狀態機（一個狀態機是由多個狀態組成）。狀態機使用帶有圓角的矩形，如圖 10. 示範一個「門」物件生命週期內所經歷的狀態。

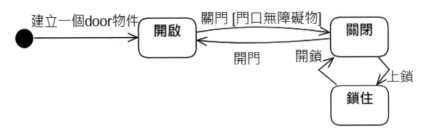

圖 10　狀態圖示範例

3. 群組性事物 (Grouping Things)

群組性事物是在模型中使用來組織相關事物和關係的元素，主要是使用套件（Package）群組相關的圖表、元素。

套件用於將元素組織成群組的通用機制。如圖 11. 所示，套件的圖形表示為卡式的文件夾，外觀和 Windows 作業系統的文件夾圖示很像。當圖表或元素眾多時，將相關的圖表或元素分組到一個套件中，這樣就可以變得不那麼複雜和易於理解。

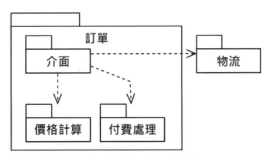

圖 11　套件圖示範例

4. 註釋性事物（Annotational Things）

　　註釋性事物是使用註解（Note）元素，在模型中對於其他元素的解釋。如圖 12. 所示，註解圖示為一個右上角帶有折角的矩形，以虛線和被解釋的元素連結，註釋的內容就寫在矩形內。

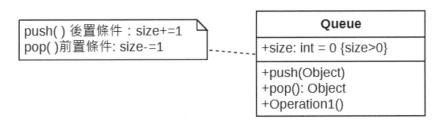

圖 12　註解圖示範例

3-5 擴充機制

　　為了顧及軟體工程與資訊應用領域不及或例外的原則，UML 提供了：造型、標籤標記與限制三種擴充機制。可以使用這些擴充機制依據系統分析與設計的需求，自訂新的模型元素。

1. 造型（Stereotype）

　　造型擴充了 UML 的詞彙，可以為特定問題，擴充基本模型元素以產生新元素的能力，讓 UML 只需具備最基本的符號，仍舊可以隨時擴充，以滿足實際的需要。造型標示的方式是將名稱放在 "<<" 和 ">>" 之間，並置於模型元素的名稱上方。如果是遇到 UML 不具備的關係時，也可以在關係線條之間以造型標示。如圖 1. 標示在各元素內的造型，webService 節點是網站伺服器設備；course 是資料庫的元件；IBankSystem 類別是一個介面。

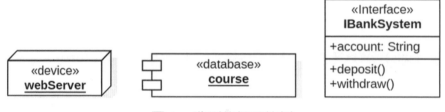

圖 1　造型的標示範例

　　造型不是只是用在限制上，造型的主要用途是擴充 UML 的詞彙。UML 定義了五個可以使用在元件的標準造型：

(1) 可執行（executable）：表示可以在節點（node）上執行的元件。

(2) 程式庫（library）：表示靜態或動態的程式庫。

(3) 表格（table）：表示資料庫表格的元件。

(4) 檔案（file）：表示該元件是含有原始程式碼或資料的檔案。

(5) 文件（document）：表示該元件是一份資料文件檔案。

　　除了這五個標準造型之外，使用者仍舊可以依據實際需要，自行創造。

2. 標籤標記（Tagged values）

　　標籤標記是用來擴充 UML 模型元素的屬性，提供設計師在模型元素的規格中增加額外的資訊。標籤標記使用的方式是在大括號 "{ }" 內，依據「名稱 ＝ 值」格式標示擴充的資訊。如圖 2. 所示，藉由標籤標記說明 Course 類別的版本和負責人員，以及標記 Elective 元件已經完成測試。

圖2　標籤標記使用範例

3. 限制（Constraints）

　　限制擴充 UML 元素的語意，提供添加新規則或變更既有規則的方式。限制使用的方式是在大括號 "{　}" 內，使用文字說明或邏輯敘述表示規則。例如圖 3. 所示，銀行帳號 Bank 與帳號資訊 Profile 有關聯，且關聯時 Profile 類別會依據限制的要求，執行安控管理。另外，Bank 銀行帳號類別限制只能是 Corporation 公司類別或是 Person 個人類別才能使用，但是不能又是私人又是公司的。或是以註解方式說明 Bank 分行的負責人 principal 和總行的 headquarter 負責人是相同的。

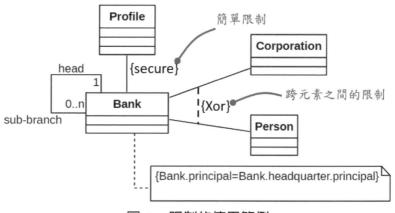

圖3　限制的使用範例

3-6 關係

前面介紹表示事物的基本元素，本節則是介紹表達事物之間關係的元素。在 UML 中，模型元素之間使用關係來表達彼此之間的連接。UML 關係也是一種模型元素，它是透過定義模型元素之間的結構和行為來為模型增加語義。UML 的關係主要分為六類：

(1) 活動動線（Activity edge）：代表活動之間的流程。

(2) 關聯（Association）：表示一個模型元素的實例（instance，也就是物件）連接到另一個模型元素的實例。

(3) 依賴（Dependency）：表示當一個模型元素的更改會影響另一個模型元素。

(4) 一般化（Generalization）：表示一個模型元素是另一個模型元素的特殊化。一般化就是子類別的上一代類別，因為具備子類別共通的屬性與方法，所以稱為一般化。

(5) 實現（Realization）：表示一個模型元素提供了另一個模型元素實現的規範。實現就是子類別的上一代介面，因為透過子類別將抽象方法實作，所以稱為實現。

(6) 轉換（Transition）：表示狀態的變化。

不過在不同的圖形內，還會有不同的增減，例如圖 1. 表示類別圖使用的關係圖形（各類關係的圖示表示，請參見下一節關聯的介紹）。完整的關係請參見表 1. 的說明。

圖 1　類別圖使用的關係圖示

表 1　關係的種類

關係	說明
抽象 Abstraction	在不同抽象級別或從不同觀點，表示模型元素間相同概念的依賴關係。可以在多種圖形中加入抽象關係，例如使用案例圖、類別圖和元件圖。
聚合 Aggregation	將一個分類器 (classifier) 描述為另一個分類器的一部分或隸屬。
關聯 Association	兩個模型元素之間的結構關係，表明一個分類器的物件（參與者、使用案例、類別、介面、節點或元件）的連接。在雙向關係中，關聯也會連接兩個分類器，表達主（supplier）和從（client）的關係。
綁定 Binding	較高級的依賴類型，用於綁定造型 (stereotype) 以建立新的模型元素。
溝通路徑 Communication path	用於部署圖中，節點之間的一種關聯，顯示節點如何交換訊息和信號。
組合 Composition	表達整體與部分之間的聚合關係。組合關係指定部分分類器的生命週期，取決於整個分類器的生命週期。
控制流程 Control flow	表達從一個活動節點到另一活動節點的控制移動。
依賴 Dependency	依賴關係表示對一個模型元素（主或獨立的模型元素）的更改，可能會導致另一個模型元素（從或依賴的模型元素）發生更改。
部署 Deploy	部署關係顯示單一節點的特定元件。在 UML 模型中，部署關係通常出現在部署圖中。
定向關聯 Directed association	是一種只能在單方向導引，並且控制從一個分類器流向另一個分類器（例如，從參與者到使用案例）的關聯。
延伸 Extend	使用案例之間的延伸關係，表示一個使用案例，可以延伸應用另一個使用案例。
一般化 Generalization	一般化用來表達繼承關係。一般化關係可以用在類別圖、元件圖和用使用案例中。
介面實現 Interface realization	表達分類器和提供的介面之間的一種特殊類型的實現關係。
包含 Include	使用案例之間的包含關係，用來指定一個使用案例必需要應用來自另一個使用案例（被包含的使用案利）的行為。
表現 Manifestation	表現關係顯示哪些模型元素（例如元件或類別）在工件（artifact）中表現出來。
註解附件 Note attachment	註解附件是將註解或文字框連接到連接器或形狀，並標示相關的資訊。
物件流程 Object flow	表達從一個活動節點到另一個活動節點的物件和資料的流程。控制流程與物件流程最大的差別就是在，控制流程不可攜帶任何資料或物件給下一個流程，而物件流程可以攜帶資料或物件。
實現 Realization	實現關係用於兩個存在實現關係的模型元素，且其中一個必須實現（realize or implement）時。指定行為的模型元素是主（supplier），實現行為的模型元素則是從（client）。在 UML 2.0 中，這種關係通常用於指定那些實現或實現元件行為的元素。
使用關係 Usage	使用關係是一種依賴關係，其中一個模型元素需要存在另一個模型元素（或一組模型元素）才能完全實現或操作。需要另一個模型元素存在的模型元素是從（client），需要存在的模型元素是主（supplier）。

3-7 關係符號：關聯

系統開發中，類別很少獨立存在，多數類別之間都需要彼此相互合作，因此類別之間關係的表達就相對重要。如同前一節的說明，關係是事物之間的連結，UML 具備許多關係的種類，在物件導向塑模中，有四個關係最為重要，分別是關聯（Association）、依賴（Dependence）、一般化（Generalization）、和實現（Realization）：

1. 關聯標記

關聯關係表示兩元素之間存在某種語意上的相關，形成結構性的關係。例如人員在公司工作，表示公司與人員之間存在語意上的相關。因此，就可以如圖 1. 所示，將人員 Person 類別和公司 Company 類別建立關聯的關係。關聯的線條可以使用下列標記（notations）：

(1) 名稱（Name）

關聯名稱或造型名稱（stereotype name）通常使用動詞，用來表達關聯的類型或目的。如果需要，還可以在名稱旁以實心三角形標示方向。

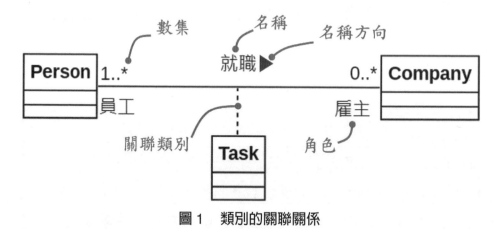

圖 1 類別的關聯關係

(2) 角色（Role）

在結合關係的兩方端點處設置「角色」（role），用來說明該類別以什麼樣的角色來參與這項結合的關係。如圖 1. 的 Person 類別在這一關係中參與的角色為「員工」，Company 類別的角色為「雇主」。

如果在關聯上沒有標示角色名稱，則表示以該類別名稱來代表其角色。而且，同樣的類別在其他關連中可以扮演相同的角色，也可以扮演不同的角色。

(3) 數集（Multiplicity）

數集表示參與關連之物件數量的上下限，上下限之間使用 ".." 或 "~" 表示，如果數量眾多，可以使用 "n" 或 "*" 表示。例如 1..n 表示最少 1 個，最多則無上限；例如 0..5 表示最少 0 個，最多 5 個。

如圖 1. 中，Person 類別和 Company 類別中存在多對多的關係，一個 Person 會就職於 0 到多間公司；而一間公司 Company 會聘用 1 到多位員工 People。

(4) 關聯類別（Association Class）

如果兩個類別的關聯存在自己的特性，如圖 1. 中員工 People 與公司 Company 之間存在員工／雇主關係，而此關係可以透過工作 Task 類別來表示，此時 Task 類別稱為關聯類別（Association Class）。有點類似類別使用屬性描述物件內部的資料，UML 使用關聯類別來描述關聯之間的特性。

關聯類別使用虛線線條連結到關聯的直線上，而且一個關聯類別只能連結一個關聯。

(5) 導航（Navigation）

導航，也就是方向性，表示一個元素，可以簡單、直接地到達另一端的元素。關聯關係可能是單向也可能是雙向。預設情況下，正常的關聯類型是雙向的，稱為雙向關聯（Bi-directional Association），表示兩個元素之間存在關聯，而且彼此雙方都知道對方的存在。如果該關聯只被單方向使用，則稱為單向關聯（Uni-directional Association）。如圖 2. 所示，雙向關聯的 UML 圖示符號是一條實心直線，表示彼此雙方都知道對方；單向關聯關係的圖示符號則是一箭頭的實線，箭頭方向表示導航的方向。其中，Account 類別與 Password 類別為單向關聯關係，Account 類別為來源，指向目標 Password 類別，表達 Password 類別的物件只能被 Account 類別的物件使用，但 Password 類別的物件自己不能使用 Account 類別的物件。

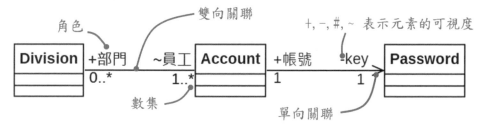

圖 2　雙向與單向關聯關係

(6) 可視度（Visibility）

如果兩個類別之間存在關聯關係，一個類別的物件就可以看見並導航到另一個類別的物件，除非有所限制，例如單向導航。某些情況下，需要限制關聯外部的物件對於該關聯的可視度（Visibility）。例如圖 2. 所示範的情況，Account 類別和 Password 類別之間存在單向關聯關係，Account 類別的物件，可以使用相對應的 Password 物件。但是，由於 Password 對於 Account 的可視度是私有的，所以 Password 物件是不能直接被外部物件存取。

可視度等同於物件導向程式中對類別宣告的修飾語（modifier）。UML 是在角色名稱附加可視度符號，來表達關聯關係的可視度。如表 1. 所示，關聯端包含：公共（Public）、私有（Private）、保護（Protected）和套件（Package）4 種可視度。

表 1　關聯關係之角色的可視度

可視度	符號	說明
公共	+	物件可以被關聯外的物件存取。
私有	-	物件不能被關聯外的任何物件存取。
保護	#	物件只能被關聯另一端的物件及其子物件所存取，而不能被該關聯外的其他任何物件所存取。
套件	~	為了套件而設置的，物件可以被同套件的其他物件所存取。

不過，使用 ~ 表達關聯套件的可視度，也可以直接使用如圖 3. 所示的套件圖表達更為直覺。

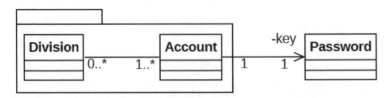

圖 3　使用套件圖表示元素的套件可視度

(7) 限定詞（Qualifier）

關聯關係因為有多對多、一對多的情況，常遇到的問題是一端的元素如何辨識另一端的元素？例如，有多份商品目錄，每份商品目錄又有許多商品介紹，形成如圖 4. 所示多對多的關係。因此，右方有一商品說明，如何辨識是存在左方的哪一個商品目錄內？

圖4　多對多的關聯關係如意產生搜尋（lookup）問題

　　限定詞是屬性或屬性清單，關聯關係是透過這些屬性的值與某個元素連結。UML 限定詞的圖示符號是在關聯的來源端元素加上一個相連的小矩形表示，矩形標示限定的屬性。如圖 5. 所示，使用限定詞的標示方式改變原先圖 4. 的表達方式，就能清楚表達商品目錄 ProductCatalog 可以透過 itemID 屬性關聯到產品描述 ProductDescription，反之亦然。

圖5　使用限定詞的屬性關聯另一端的元素

(8)介面指示器（Interface Specifier）
　　介面指示器（Interface Specifier）是用來規範元素服務的操作集合。
　　介面是一組抽象操作的集合，多個介面可以實作一個類別或元件的服務，而每個類別又可以實現（Realize）多個介面，也就是多元繼承並實作介面的操作。但是如果一個類別需要依據不同需求而實現不同的介面，就適合使用介面指示器來表達。介面指示器的圖示符號為自我連結的實現，表示的語法為：

角色名稱：介面名稱

　　如圖 6. 所示，系所人員 Staff 類別可以是實現老師 ITeacher 介面或是系主任 IChair 介面，老師 Teacher 與系主任 Chair 之間具備多對一的關聯關係。其中，系主任角色的 Staff 只呈現了 IChair 介面給老師，老師角色的 Staff 也只呈現了 ITeacher 介面給系主任。

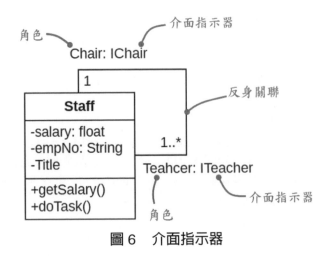

圖6　介面指示器

圖 6. 中，系主任與老師均為 Staff 類別，因此使用反身關聯（Reflexive Association）表達之間的關係。

(9)聚合與組合（Aggregation & Composition）

聚合與組合關係是一種特殊的關聯關係。表示類別之間的關係與部分的關係，也就是物件導向設計的「擁有」（has a）。

圖示符號如圖 7. 所示，聚合關係使用帶空心菱形箭頭的線條；組合關係則是帶實心菱形箭頭線條。

圖7　聚合與組合關係的線條符號

聚合與組合都表達「擁有」的狀況。在聚合關係中，整體與部分的關係並沒有很強的擁有關係，沒有一致的生命週期；組合關係則具備強烈的擁有關係和一致的生命週期。以圖 8. 為例，學校由行政單位 Administrator 與學院 College 組成，而學院又是由系所 Department 組成，最後系所再由學生 Student 所組成。

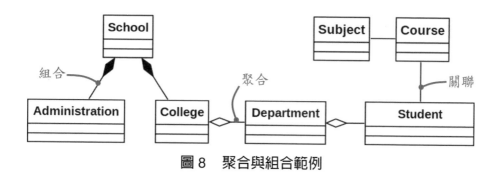

圖8　聚合與組合範例

　　系所 Department 與學生關係，如果取消系所，學生物件可以結束，也可能併入另一系所；同樣的情況，學院 College 與系所 Department 關係，如果關閉某一學院，可以連帶關閉該系所，但也可以將該系所歸屬另一學院。但是以學校 School 與 學院 College 關係，關閉學校，就一定會關閉該學院。

　　所以，結束上一層的物件不一定會連帶結束下一層的物件時，使用聚合關係；結束上一層的物件會連帶結束下一層的物件，使用組合關係。

3-8 關係符號：依賴

　　如果一個模型元素的變化會影響另一個模型元素，這兩個模型元素之間就存在依賴關係（Dependency Relationship）。依賴關係的 UML 符號使用如圖 1. 所示帶箭頭的虛線，箭頭指向被依賴的模型元素。例如，有 X 與 Y 兩個元素，如果修改元素 Y 的定義會引起對元素 X 的定義修改，則稱元素 X 依賴於元素 Y。

　　在類別中，依賴可以由許多原因引起。例如，一個類別向另一個類別發送訊息（即一個類別的操作呼叫執行另一個類別的操作），又或者一個類別是另一個類別的某個指令引數（argument），就可以說這兩個類別之間存在依賴關係。

引數（argument）：呼叫函數時，傳遞給該函數的資料。
參數（parameter）：被呼叫執行的函數所接收的資料。

　　從語義上講，UML 最主要的四種關係：依賴關係、一般化關係、關聯關係和實現關係，都應該是依賴關係，但因為這些關係各別都有很重要的語義，所以在 UML 中被分離出來成為獨立的關係。

　　依賴關係通常用來表示一個類別，使用另一個類作操作簽章中的參數。例如圖 2. 所示的範例，類別 Student 的屬性 dept 的型態為 Department 類別、屬性 course 的型態為 Subject 類別的陣列，這是屬於關聯關係，因此在類別 Student 和類別 Department 之間具備關聯關係；方法 testing( ) 使用了類別 Subject 的物件作為參數，這是屬於依賴關係。類別 Student 和 類別 Subject、Date 之間就具備了依賴關係。因此，當被使用的類別 Subject 和類別 Date 改變時，類別 Student 的方法也會受到影響。

　　依賴是非常普遍的，降低複雜性就是盡可能地減少依賴；關聯是一種靜態的依賴，具備聚合和組合的進一步關係。關聯與依賴關係可能容易混淆，可以參考下列的 Java 程式範例，區辨兩種關係的差異：

```
/*
    關聯：X has-a Y（作為成員變數）
    依賴：X 引用 Z（作為方法參數或回傳的類型）
*/


public class X {
    String name = null  // 這是一個關聯
    private Y data;     // 這是一個關聯
    public void myMethod(Z obj) { // 類別 X 依賴類別 Z
        obj.execMethod();
    }
}
```

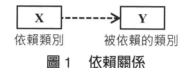

依賴類別　　　　被依賴的類別

圖 1　依賴關係

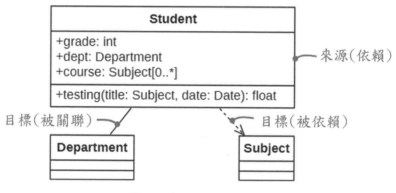

圖 2　依賴關係的範例

3-9 依賴關係的造型

　　UML 自 1.X 就定義了許多可以應用於依賴關係的造型（stereotype），藉以表達來源（Source）和目標（Target) 元素兩者之間的依賴關係[註5]：

1. 用於類別與物件的造型

(1) <<bind>> 綁定關係：
　　標明依賴關係為綁定到其他模板的元素，表達來源元素如何使用給定的樣板參數產生目標實體。如圖 1. 所示，DoubleList 和 IntegerList 兩個類別使用綁定的關係，依賴 TList 樣板類別。

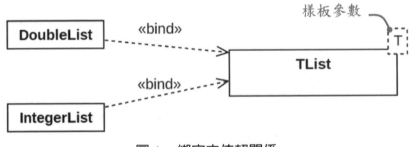

圖 1　綁定之依賴關係

(2) <<derive>> 推衍關係：
　　推衍（或譯為派生）是一個標準的抽象造型，用於指定但通常不一定是相同類型的模型元素之間的推衍關係，也就是標示目標元素可以從來源元素推衍出。當為兩個元素（其中一個是具體的，另一個是概念性的）之間的關係建立模型時，可以用 «derive» 依賴關係來表示兩者間的關係。如圖 2. 所示，Birthday（實體事務）和 Age 類別，年齡是依據生日計算得出，因此在 Birthday 和 Age 兩個類別之間就具有推衍的關係。

[註5]　Pericherla, S. (2013,10). Advanced Relationships in UML. UML Concepts. Retrieved from https://www.startertutorials.com/uml/advanced-relationships-in-uml.html

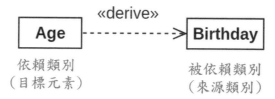

圖2　Age 推衍於 Birthday

(3) <<friend>> 友好關係：

　友好造型標示來源元素對於目標元素有特殊的可視度。在定義類別成員時，私用成員只能被同一個類別定義的成員存取，不可以直接由外界進行存取。但宣告為 friend 的類別，就可以提供給某些外部函式來存。如圖 3. 所示 C++ 的 friend 修飾語範例，在 UML 以 <<friend>> 表示 B 類別內可以使用 A 類別的成員。

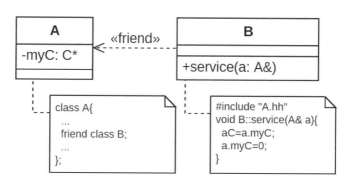

圖3　使用友好造型表達 B 類別可以使用 A 類別的成員

(4) <<instanceOf>> 實例化關係：

　表達來源物件是目標元素所建構的實例。如圖 4. 所示，使用實例化造型表達 Chen 物件是依賴 Student 類別所建構的。

圖4　實例化造型表達物件建構的依賴關係

(5)<<instantiate>> 實例化關係：

   instantiate 中文翻譯是「實例化」，此造型是 instanceOf 造型的反向，用來表達來源元素建構了目標元素的實例。

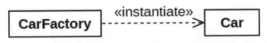

圖5　實例化造型表達元素間的建構依賴關係

   要注意的是來源與目標的主從依賴關係，圖 5. 中所示的是 CarFactory 類別依賴 Car 類別，而不是 Car 類別依賴 CarFactory 類別。Car 類別可以在不了解 CarFactory 類別的情況下定義，但 CarFactory 類別需要依據 Car 類別來定義，因爲它產生 Cars 的實例。

(6)<<powertype>> 加強關係：

   使用此造型表達目標元素是來源元素的加強類型。

(7)<<refine>> 精煉關係：

   表示來源元素是比目標元素更精煉的抽象。如圖 6. 所示範例，在分析階段規劃一個訂單類別 Order，在設計階段時，將該類別精煉成更具體的類別。

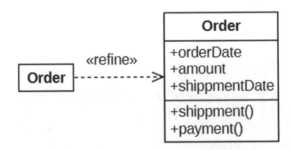

圖6　使用精煉造型表達來源元素設計成更具體的目標元素

(8)<<use>> 使用關係：

   「使用」造型用來明確標示來源元素的功能是依賴於目標元素，也就是說，當希望明確表達依賴關係爲使用關係，而不是由其他造型所提供的依賴關係時，就可以標示爲 <<use>>。

2. 用於套件之間的造型

(1)<<access>> 存取關係：

　　表達來源套件獲得目標套件授權，可以引用目標類別庫內的元素。如圖 7.
所示，標示套件 Enquiry 授予 Search 套件內的元素，可以使用 Index 類別。

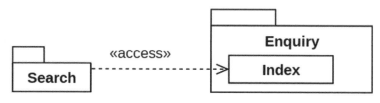

圖 7　使用存取造型表達套件的權限授予

(2)<<import>> 匯入關係：

　　此造型表達目標套件的公用（public）元素會加入名稱空間（namespace），
並在名稱空間之外可視。如果在兩個同級的套件之間，沒有 <<access>> 和
<<import>> 依賴關係，那麼一個套件的元素就不能引用另一個套件的元素。
如圖 8. 表達 Index 類別從 Enquiry 套件匯入到 Search 的名稱空間並成為公用
類別。

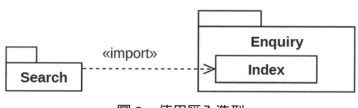

圖 8　使用匯入造型

3. 用於使用案例的造型

　　使用案例有：<<include>> 包含關係、<<extend>> 延伸關係兩個造型。
<<include>> 表達包含另一個案例的行為；<<extend>> 則是用來表示目標案例
擴充了來源案例的行為。使用的範例，請參考第5-4節「使用案例圖」的介紹。

4. 用於物件之間的造型

(1)<<become>> 變成關係：
　　表達目標元素與來源元素是相同的元素，但在某一時間點會具備有不同的角色、狀態或內容值。

(2)<<call>> 呼叫關係：
　　表達來源操作呼叫執行目標操作。

(3)<<copy>> 複製關係：
　　表達目標元素與來源元素完全一樣，只是獨立的副本。

　　當需要表達一個物件在不同時空環境下，而有不同的角色、狀態或內容值時，可以使用 <<become>> 或 <<copy>> 造型；如果是要表達物件呼叫執行其他物件的操作時，就適合使用 <<call>> 造型。

5. 用於狀態的造型

　　<<send>> 傳送關係：
　　表達來源操作將事件傳遞給目標訊息。當需要表達將指定的事件發送到目標操作時，就很適合使用 <<send>> 造型標示。

6. 用於模型之間的造型

　　<<trace>> 追溯：
　　追溯關係是一個標準的抽象造型，主要用於追溯在不同模型中具有相同概念的元素或元素集的跨模型需求和變化。追溯通常用於追溯需求和模型更改，通常在可追溯性質的視圖中，例如類別圖、使用案例圖、物件圖或複合結構的圖中。常見使用追溯依賴關係的例子：
- 使用案例模型中的使用案例可能會追溯到相對應的設計模型中的合作（collaborations）或套件。
- 設計模型中的介面和類別可以追溯到實現模型中的元件。
- 實作模型中的元件可能會追溯到部署模型中的工件（Artifact）。

　　例如圖 9. 示範表達元件 CourseListConnector 可追溯來自於子系統套件 CourseSetList。圖 10. 示範表達系統設計模型的選課案例內容，可追溯來自於分析模型的使用案例。

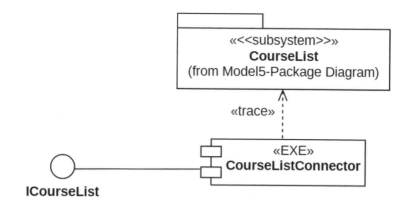

圖9　組件可追溯來自於子系統套件內的元素

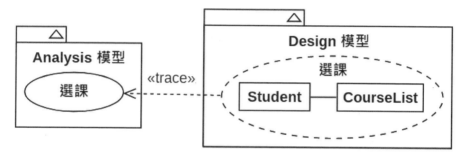

圖10　設計模型的案例可追溯自分析模型

3-10 關係符號：一般化

簡單的講，一般化（Generalization）就是物件導向程式的繼承（Inheritance）關係。在解決複雜性的問題或結構時，通常需要將具有共同特性的元素抽象化成為類別，並針對其內涵做進一步分類。例如，大專院校內的學生可以分為大學生、研究生，而大學生還可能再分為日間部學生、夜間部學生；研究生也可能在分為一般生與在職生。

如圖 1. 所示，UML 的一般化關係，使用一帶有空心箭頭的直線，箭頭指向父元素。在物件導向分析與設計中，父元素也稱為一般元素、基礎元素，子元素也稱為特殊元素。

UML 的一般化關係，有下列三點要求：
(1) 子元素應與父元素一致。父元素所具備的關聯、屬性和操作，子元素也都繼承擁有。
(2) 子元素可以增加父元素沒有的額外內涵，例如增加屬性或操作。
(3) 可以使用父元素之處，也可以使用子元素的實例。

類別之間的一般化關係表示了子類別繼承一個或多個父類別的結構和行為。一般化關係描述類別之間的「一種」（is-a-king-of）關係，用來描述子類別繼承父類別的特性，尤其是屬性與操作。此外，如果具有和父類別相同的操作簽章，但內含不同行為的子類別操作，會覆蓋原先父類別的操作，稱之為覆寫或覆蓋（overwrite）。

子類別中新增一個操作，該操作的名稱與接收的參數、回傳型態均與父類別裡的操作相同時，將會覆寫父類別中同名的操作。此種覆寫父類別的操作，使得繼承的子類別能夠改變父類別的「行為」，發展更特殊的功能。覆寫父類別的操作時，可以設定更寬鬆的存取等級，不能設定更嚴苛的存取等級，而且子類別不能覆寫父類別已經宣告為 final 的操作。當覆寫的操作是「類別成員」時，則稱為遮蔽 (hide)。覆寫與遮蔽之間的差異有相當重要的意義。

如圖 2. 所示，教職員工 Staff 類別和學生 Student 類別是 Person 的子類別，而系主任 Chair 和 老師 Teacher 兩個類別又是 Staff 的子類別，所以具有空心箭頭的實線分別從 Staff 類別、Student 類別指向 Person 類別。

Staff 類別和 Student 類別繼承了 Person 類別的屬性和操作，並添加了自己的特殊屬性和操作。Chair 類別和 Teacher 類別也繼承了 Staff 類別的屬性和操作，並添加了自己的特殊屬性和操作。反過來講，Staff 是 Chair 與 Teacher 類別的父類別，Chair 與 Teacher 共同的屬性與操作就會宣告在 Staff 類別；Person 類別是 Staff 與 Student 類別的父類別，Staff 與 Student 共同的屬性與

操作就會宣告在 Person 類別。正因爲父類別包含子類別共同的結構與行爲，這也就是稱爲 " 一般化 " 的緣由。

　　如圖 3 所示，一般化關係的結構和樹狀結構一樣，一個類別可以有零個到多個子類別。沒有父類別但有一個或多個子類別的類別稱爲根類別（root class）或基底類別（base class）。例如圖 2. 的 Person 類別就是一個根類別。沒有子類別的類別被稱爲葉類別（leaf class），例如圖 2. 的 Chair、Teacher 和 MasterStudent 類別都是葉類別。

　　如果在一般化關係中，每個類別只有一個父類別，則是單一繼承。如果一個類別有多於一個的父類別，則爲如圖 4. 所示的多重繼承。不過，Java 程式語言並不支援類別的多重繼承，而是透過介面的多重繼承來實現。介面的繼承使用 UML 的實現化關係圖示符號，請參見下一節的介紹。

圖 1　UML 一般化關係的圖示符號

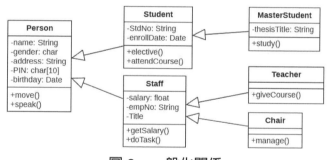

圖 2　一般化關係

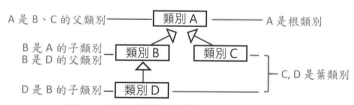

圖 3　如同樹狀結構的一般化的關係

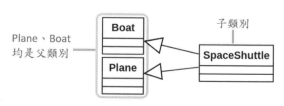

圖 4　多重繼承關係

3-11 關係符號：實現

實現（Realization）是分類器之間的語義關係，其中一個分類器規定協議，另一個分類器保證實作這個協議。大多數情況下，實現關係被用來規定對介面和介面實作的類別或元件之間的關係。介面是抽象操作的集合，這些操作用於規定類別或元件的服務，也就是說，介面定義了繼承的類別或元件所必須實作操作的程式碼。因此，要達成這個實作的規範就稱為實現。

如圖 1. 所示，實現關係使用一帶有空心箭頭的虛線表示，由繼承的實現類別指向介面。一個介面可以被多個類別或元件實現，一個類別或元件也可以實現如圖 2. 所示的多個介面。

介面的使用將操作的介面和操作的實作分開。當類別或元件要實作一個介面時，就表示類別或元件實現了介面的所有操作（也就是撰寫完成操作的程式碼）。以 Java 程式為例說明，Java 的介面是方法完全宣告為抽象的類別，必須由繼承的類別完成這些方法的實作。為什麼這麼麻煩，直接撰寫類別，完成類別內操作的程式碼不就單純許多？以智慧型手機為例，手機物件基本上都有相機鏡頭、電源開關、音量鍵、螢幕等元件，但不同手機這些元件的功能或行為並不一樣。如圖 3. 所示，可以透過介面的宣告，先確立具備那些抽象操作，再由實際繼承的類別完成個操作的實作。如此，不同手機雖然有相同的操作，但執行相同的操作就可以有不同的功能或行為。開發手機軟體的廠商就可以依據這些已定義好的介面來實作各個操作的程式碼。

如圖 4. 所示，也可以使用實現來表達一個使用案例和實現此一使用案例之間的合作關係。在這種情況之下，最好是使用這種正規的方式表達使用案例的實現關係。

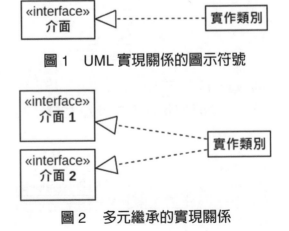

圖 1　UML 實現關係的圖示符號

圖 2　多元繼承的實現關係

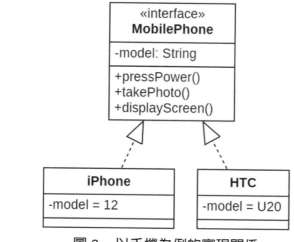

圖 3　以手機為例的實現關係

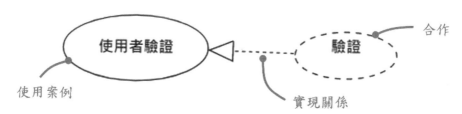

圖 4　使用案例的實現關係

圖示符號為虛線橢圓的合作（collaboration）是類別、介面或其他元素所組成的群體，包含靜態和動態方面的概念區塊，指示使用案例和操作的實現。

第4章
UML 基礎圖形符號

4-1 參與者

　　UML 提供了一個標準的、統一，且視覺化的塑模符號規範，解決了資訊領域不同符號體系的應用所造成的混亂情況。使用 UML 視覺化的塑模符號規範為系統建立圖形化的模型，使系統的架構變得直觀，易讀易懂。UML 圖形符號具有定義嚴謹的語義，不會有含糊不清造成誤解與誤會的情況。本章主要就是對各個塑模元素的 UML 圖形符號逐一介紹。

部分圖形符號在第 3-4 節「事物」的介紹已略有提及，但本章節針對各個主要元素的圖形符號做更完整的介紹與說明。

　　參與者（Actor）是一個外部實體（external entity），代表與系統互動的人、硬體設備或另一個系統。雖然在模型中使用參與者，但參與者並不是系統軟體的組成部分，參與者只是存在於系統外部的使用者。由於參與者是屬於系統的外部，如果需要定義，此通常是定義在包含系統主體的分類器中。一個參與者可進行下列行為：

(1) 向系統輸入資訊。

(2) 從系統接收資訊。

(3) 既向系統輸入資訊，也接收系統的輸出資訊。

　　參與者的 UML 符號顯示如圖 1. 所示的人形，可以在該符號下標出參與者名稱。參與者和參與者之間也可以存在關係。例如，圖 2. 表達 Teacher、Student 和 Person 之間存在著一般化關係。參與者可以是實際環境中，在系統中所扮演的角色。例如，圖 3. 的四個參與者，包括教務處、學務處的職員，老師與學生。

　　除了人形符號，另外還可以使用如圖 4. 所示，用來描述商業模型外部的客戶或合作夥伴的商業參與者（Business Actor），例如顧客、供應商、乘客、銀行等。商業參與者的符號是有條直線橫過該人形的頭部。

商業參與者是統一軟體開發過程（Rational Unified Process，RUP）用來支援商業塑模而導入的圖形。雖然 UML 聲明對商業塑模的支援是其目標之一，但 UML 在最新版的規範仍舊沒有提供特定於商業需求的符號。所以，如果 UML 工具軟體（例如本書使用的 starUML）沒有提供商業參與者的圖形，也可以如圖 4. 中使用造型（stereotype）標示的方式表達。

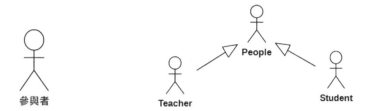

圖 1　參與者的符號　　　　圖 2　使用一般化關係表達參與者
　　　　　　　　　　　　　　　的繼承歸屬關係

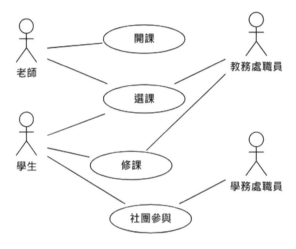

圖 3　參與者類型

圖 4　商業參與者的符號

4-2 使用案例

　　圖形單獨存在並沒有意義，也無法表達系統的架構或流程，每個系統都要與使用該系統的參與者產生互動，參與者也應該依據系統可預知的方式運作。在UML中，使用案例（Use Case）是用來表示系統或部分系統的行為，描述系統所執行的動作序列集（sequence set），提供使用者一個可供觀察的視覺圖案。因此，使用案例包含下列特點：

- 表現使用者互動的目標。
- 描述一個主要的事件流程（主要情節）和可能的其他異常流程（替代情節）
- 通常由參與者啟動，並提供確切的值給參者。
- 可大可小，但必須能夠完整表達一個具體目標。

　　如圖 1. 所示，使用案例的 UML 符號是一個橢圓形，並可在橢圓形內標示使用案例的名稱，在實務中，使用案例的名字通常是用動詞片語命名的。

　　使用案例描述了系統具有的行為，但沒有規定如何實現這些行為。使用案例提供開發者、最終使用者和領域專家之間的交流方式。使用案例可以表達整個系統，也可以只用來表達系統的一部分，例如模組、子系統等。大多數情況，因為系統的複雜度，單獨一個使用案例是不可能涵蓋整個系統的需求。所以，一個系統通常需要多個使用案例來表達需求，然後再整合這些使用案例，一起定義系統整體的功能。使用案例主要是搭配參與者的符號使用，表達如同圖 3 所示的系統功能概觀。

　　除了橢圓形的符號，使用案例也有商業使用案例（Business User Case）的特定符號，用來描述商業模型的使用案例。商業使用案例的符號使用如圖 2. 所示有條斜線橫過橢圓形的右方。不過，和商業參與者的情況一樣，UML 在最新版的規範仍舊沒有提供特定於商業需求的符號。

使用案例	商業使用案例
圖1　使用案例符號	圖2　商業使用案例符號

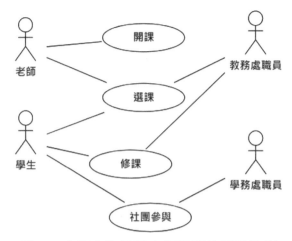

圖 3　參與者和使用案例搭配的圖形範例

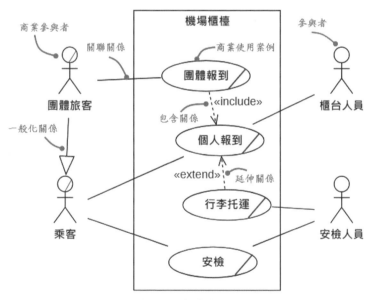

圖 4　商業參與者的圖形範例

4-3 合作

　　合作（Collaboration）描述了元素（角色）之間協同合作的結構，包括類別、介面和其他元素的群體，以解釋合作的實例集合如何達成聯合任務或任務的集合。

　　每個元素執行特定的功能，共同完成某些所需的功能，而且一個元素可以參與多個不同的合作。合作的圖形主要目的是表達一個系統是如何工作的，因此，合作通常只包含那些被認為與解釋相關的實務方面。因此，會省略實際運作的實例或類別之類的細節。

1. 定義與用途

(1) 合作是連結物件或參與者的集合，並透過合作執行某些任務。
(2) 合作定義了一組有特定目的之物件或參與者的關係。
(3) 在物件導向系統內，合作提供了協同作業的物件之間衍生的理想功能。
(4) 每個物件可以支援部分衍生功能。
(5) 物件能夠透過合作產生（可用的）更高階的功能。
(6) 物件藉由訊息的傳遞，合作達成協同作業。

2. 用途

　　合作可以用來定義實例和操作的實現，做為系統結構上的重要塑模機制，其包含兩個層面：
(1) 結構部分：定義了合作執行的類別、介面或其他元素。
(2) 行為部分：定義了這些元素如何產生交互作用的動態方面。

3. 圖形結構

　　合作內部的結構部分使用類別圖來描述，行為部分則是用互動圖（Interaction Diagram，包含循序圖與溝通圖等表達互動的圖形）來描述。此外，也可以透過複合結構圖（Composite Structure Diagram）來表達合作的結構和行為方面的詳細資訊。

> UML的溝通圖（Communication Diagram）在1.X版本時稱為合作圖（Collaboration Diagram）。為了和合作的概念有所區別，在2.0版本時將合作圖更名為溝通圖。

　　合作的行爲部分必須與結構部分一致，也就是說，在合作的互動作用中發現的物件，必須是結構部分中類別的實例，且互動圖中的訊息，必須與結構部分中可視的操作有關。一個合作可以與多個互動圖相關，每個互動圖描述了合作行爲的不同方面。

　　與套件或子系統不同，合作並沒有自己的結構元素。合作只是引用或使用那些類別、介面、元件、節點以及在別處宣告的其他結構元素，這也是合作被稱爲系統體系結構的概念性區塊（Conceptual Chunk），而不是實體的物理區塊（physical Chunk）的原因。

　　如圖 1. 合作的 UML 符號是一個顯示爲包含合作名稱的虛線橢圓形。每個合作都有一個名稱，用於與其他合作區分。實務上，合作的名稱通常用系統詞彙表的每名詞和名詞片語進行表示，且合作名稱的第一個字母需大寫，例如：Observer、Transaction、Payment for bills 等。

　　由角色和各元素組成的內部結構，可以顯示在合作的虛線橢圓形內，例如圖 2. 示範一個修課內容包含老師與學生物件的合作情形。

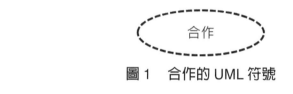

圖 1　合作的 UML 符號

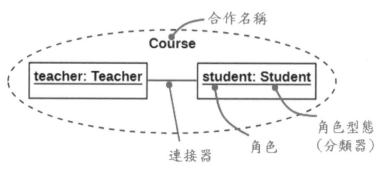

圖 2　修課的合作範例

4-4 類別

結構性事物（Structural things）的類別（Class），是物件導向中最基本的組成元素，也是最重要的分類器（Classifier）。

類別是相關屬性、操作（也就是物件導向程式的方法）、關係和語意的集合。類別就像藍圖，在運作中產生實際使用的個體稱為物件（Object）。

類別定義了操作（operations）與屬性（attribute）。操作、方法（methods）和行為（behaviors）等於是同義詞，表示類別內部的動作；屬性就是類別內部的資料。類別建構（create，也就是建立產生之意）的就是物件。不過物件常會使用兩種英文：Object 和 Instance。通常代表相同的意義，但嚴格上講，其差別為：
- Object：泛指實際的物品以及類別建構的物件。
- Instance：專門表示是類別建構的物件。
也就是說：程式中類別產生的物件可以使用 Object 或 Instance；但現實環境的物品就必須使用 Object 而不用 Instance。

參見圖 1. 左方的圖形，類別的圖示是劃分成三個格子的矩形，分別是類別名稱、屬性、方法，三者之間的次序不可對調。類別圖示的屬性與操作可以依據需要選擇隱藏或顯示（參見圖 2. 的說明，starUML 工具軟體內選擇欲設定的類別，點擊滑鼠右鍵，在 Format 選單「Suppress Attributes」或「Suppress Operations」勾選則表示不顯示屬性或操作）。

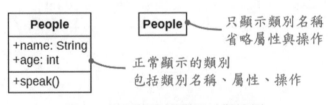

圖 1　類別圖示的顯示外觀範例

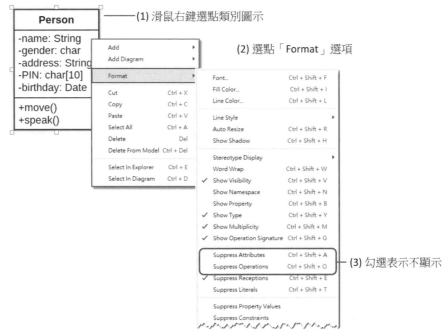

圖 2　操作或屬性的顯示與隱藏

1. 屬性（Attrribute）

　　一個類別可以有多個屬性或是都沒有屬性。屬性描述了所有物件具有的資料項目，例如每個人都有姓名、年齡等屬性。屬性需要遵守下列原則：

(1) 屬性用來存放該類別所建構物件的資料，所以屬性必須能區分描述每個特定的物件。如果是某一類別建構之所有物件共有，則屬於靜態（static）屬性。

(2) 類別的屬性，必須是與系統有關的特徵。

(3) 系統塑模的目的與功能會影響屬性的設計。

　　屬性的宣告依序包括：可視度（visibility）、屬性名稱、資料型態、預設值與限制，語法為：（語法中，方括號表示非必要可省略的宣告）

　　　　[可視度] 屬性名稱 [: 類型] [= 預設值] [{ 限制條件 }]

　　可視度，在物件導向程式稱為修飾語（modifier），種類如表 1. 所示：

表 1 可視度類型

符號	可視度	說明
+	public	公用
-	private	私用
	friendly	友好
#	protected	保護
~	package	套件
_（名稱加底線）	static	靜態
名稱斜體字	abstract	抽象
名稱大寫	final	常數（內容值不可修改）
{ }	若有程式語言使用的能見度未定義在 UML 符號中，則可以在宣告後方使用大括號標示	

2. 操作（Operation）

　　一個類別可以有多個操作或是都沒有操作。操作歸屬於類別，可以將之視為類別內部的函數（function）。操作的宣告依序包括：可視度、操作名稱、參數、回傳值型態、預設值與限制，語法為：（語法中，方括號表示非必要可省略的宣告）

[可視度] 操作名稱 [(參數 : 資料型態 , ...)] [: 回傳值型態] [{ 限制條件 }]

　　以 Java 為例，參考下列 People 類別的程式碼，其類別的圖示可以繪製如圖 3. 所示。其中，操作 People( ) 是 Java 類別程式的建構子（Constructor），所以不具備回傳值型態。

```
class Person{
    String name;
    private int age;

    public Person(String initialName){
        name = initialName;
        age = 0;
    }

    public void setAge(int age){
        this.age= age;
    }

    public String getInfo() {
        return "Name:"+name+", Age:"+Integer.toString(age);
    }
}
```

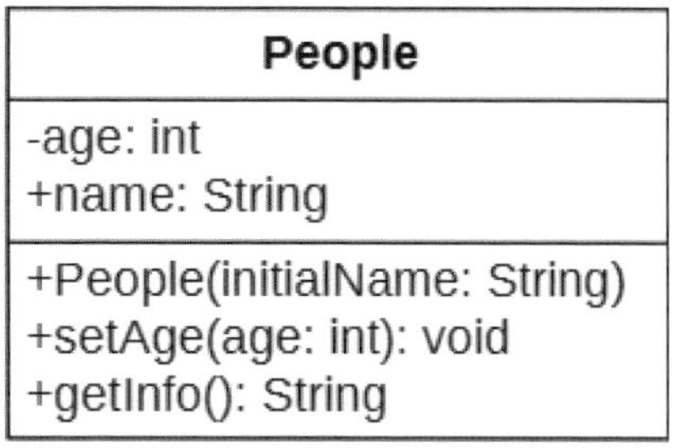

People
-age: int +name: String
+People(initialName: String) +setAge(age: int): void +getInfo(): String

圖 3　Java 範例程式的類別圖示

4-5 類別的特定圖示

　　系統分析與設計時，會將相關的類別集合成一群組，這些群組可做為子系統、階層或套件的邏輯架構。一般而言，系統分析與設計會將邏輯架構分成三個群組：展現層（Presentation Layer）、領域層（Domain Layer，或稱應用層）、資料存取層（Data Access Layer，專屬負責存取資料庫表格內容的相關元件）。依據軟體工程中的架構模式 VCM 模式（View-Controller-Model）簡化而成的 The Entity-Control-Boundary（ECB）樣板，強調要建構一個穩定的系統，需要藉由這三種物件的互動來達成[註1]。

　　如圖 1. 所示為 ECB 這三個稱之為強健型圖形（Robustness Diagram）的類別／物件的對應符號，主要使用在使用案例圖和循序圖。

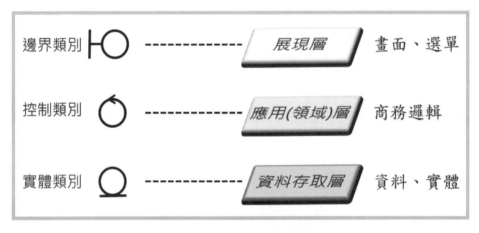

圖 1　ECB 對應 VCM 模式

　　各別可表達如圖 2. 所示的三種圖案型式，第一種是圖示（Icon）形式；第二種是標籤（Label）形式；第三種是裝飾（Decoration）形式。

[註1]　Jacobson, I. (1993). *Object-oriented software engineering: a use case driven approach.* Pearson Education India.

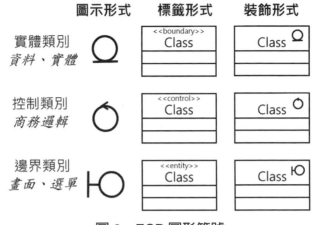

圖 2　ECB 圖形符號

圖示形式是沿用 UML 1.X 的表示方式；標籤形式是 UML 2.X 的表示方式；
而裝飾形式則是使用 UML 2.X 的表示方式但加上 UML 1.X 的圖示。
UML 許多元素的圖案均具備圖示、裝飾與標籤形式，例如元件、資料庫的
表格等，所代表的意義均相同。使用造型（stereotype）標示的標籤形式，
是在工具軟體沒有提供適當圖形時，最方便的繪製方式。

　　實體類別、控制類別與邊界類別這三個 ECB 樣板各別使用的說明如下：

1. 實體（Entity）

　　實體表示系統資料的類別或物件，負責處理系統資料存取層的資料，例如資
料庫的表格、目錄檔案的儲存結構。

2. 控制（Control）

　　控制類別或物件，用來表示系統資料用來處理系統資訊的相關行為，通
常來自領域層，是領域層的核心物件。控制類別主要建構負責執行商務邏輯
（business logic）運作的物件。

3. 邊界（Boundary）

　　邊界類別或物件，是系統對外交換資訊的媒介，提供系統參與者（例如使
用者或外部系統）互動介面，例如：視窗、畫面和選單等使用者介面（User
Interface，UI）。

　　由於考量系統強健性（robustness），ECB 分層的結構模式，必須遵循如表
1. 所示的四個規則：
(1) 參與者（Actor）只能與邊界關聯。
(2) 邊界只能與控制和參與者關聯。
(3) 實體只能與控制對話。
(4) 控制可以與邊界、實體和其他控制對話，但不能與參與者對話。

表 1　強健型類別之間的關聯

	參與者	實體	控制	邊界
參與者	○	×	×	○
實體	×	○	○	×
控制	×	○	○	○
邊界	○	×	○	○

4. 參數

　　參數類別（Parameterized Class）又被稱為樣板類別（Template Classes)，樣
板類別定義了類別的相關群組，包括類別槽、物件槽和值槽，這些槽可以作為
範本的參數。

> 槽（Slot）是在塑模中，用來表示實例結構的特徵值，槽等同於類別的屬
> 性。也就是說，屬性是類別的結構化特性的描述（表達類別的內部資訊），
> 槽則是類別屬性的實例。

　　例如透過樣板類別來定義集合的共同行為的 Set 類別，以 C++、Java 語言撰
寫的程式碼如下。表達的類別圖則顯示如圖 3. 所示。

```
class Set <T> {
        void insert (T newElement);
        void remove (T oldElement);
        ......
}
```

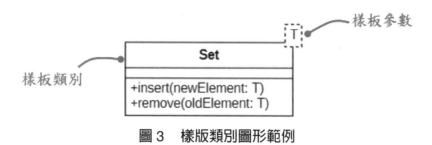

圖 3　樣版類別圖形範例

4-6 物件

物件（Object）代表了類別的一個特定實例（Instance）。實例是抽象的具體表示，操作可以作用於實例，實例可以有狀態存儲操作的結果。

如圖1. (a)與(b)所示，基本上，實例和物件是同義詞，物件是類別的實例，所有的物件都是實例，但不是所有的實例都是物件。例如，一個關聯的實例不是一個物件，它只是一個實例、一個連接。物件具有狀態、行為和識別名稱，同一種物件的結構和行為定義在它們的類別中。這點和4-4節所提程式的環境，表達物件與實例所指的範圍並不相同。

UML中最常用的實例是類別的實例，也就是物件。當使用物件時，通常將它放在循序圖、互動圖或活動圖中，有時也可以將物件放在類別圖中以表示物件及其抽象—類別之間的關係。在同一個溝通圖或活動圖中的多個物件圖示，同名的物件圖示代表同一個物件，不同名稱的圖示則代表不同的物件。但是，在不同圖中的物件圖示代表不同的物件，即使物件圖示的名字一樣。

如圖2. 所示，物件的UML圖形符號類似於類別的矩形圖示，其名稱底下必須加上底線，如果名稱包含類別名稱時，類別名稱之前需要加上冒號。

1. 名稱

為了與其他物件相區別，每個物件都應該有一個名字。在實務中，實例名稱通常依據用途而以名詞或名詞簡寫來表示。如果實例名稱由多個單字組成，第一字母小寫，其他單字的第一字母大寫，例如：electiveSubject、requiredSubject、eduAdminMeeting。

物件圖形符號標示的名稱，可以如圖2. 所示的三種命名的方式：

(1)只使用物件名稱：

不指定類別名稱，通常是因為在程式中，並未使用特定的類別，而是依據實際狀況動態指定類別。

(2)物件名稱和類別名稱：

這是最基本的使用方式，指定該物件名稱以及建構該物件的類別名稱。

(3)只使用類別名稱：

未指定物件名稱，通常是因為需要同一類別建構數量眾多的物件。或是，物件並不需要特定有意義的名稱，而在系統執行時，由程式自行指定名稱。

2. 狀態

物件的狀態包括物件的所有屬性以及每個屬性現有的值。物件的狀態是動

態的，對狀態的操作通常會改變物件的狀態。當出現可視化物件的狀態時，所規定的狀態值是在時間和空間中某一點的值。UML 使用狀態圖（State Diagram）來表達物件的狀態，也可以用多次出現的物件來表示物件的變化狀態，物件在圖中的每次出現都代表不同的狀態。

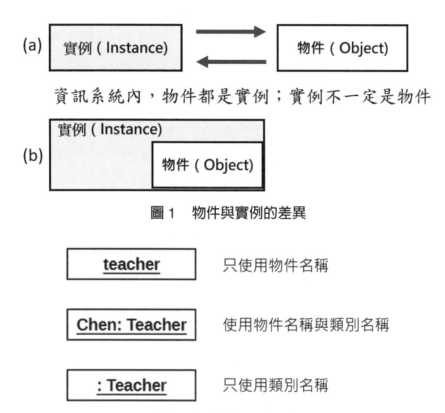

圖 1　物件與實例的差異

圖 2　物件的圖形符號

4-7 訊息

訊息（Message）是物件之間的通訊，其作用除了傳遞要執行動作的資訊，還能用於觸發事件。

在物件導向技術中，物件之間的互動是透過物件訊息的傳遞來達成的，稱為訊息驅動（message driven）。一個訊息就會引發事件，因此訊息驅動也被稱為事件驅動（event driven）。

在 UML 的動態模型中使用訊息這個概念。如圖 1. 所示的 Java 範例程式，當一個物件呼叫執行另一個物件的操作時，即達成了一次訊息的傳遞。當操作執行後，也可以回傳執行結果的訊息，並將控制權返回給原呼叫的物件。完成如圖 2. 所示的訊息傳遞的過程。物件通過相互間的通訊（訊息傳遞）進行互動，並在其生命週期中，根據通訊的結果改變自身的狀態。

如圖 3. 所示的符號，基本的訊息可以分為一般訊息、同步訊息、回傳訊息三種：

(1)一般訊息：

UML 符號是一實心箭頭的實線。一般訊息也就是同步訊息（Sync Message），強調順序，表示訊息傳遞後，必須等到接收回傳的訊息，系統才可繼續處理下一個程序。

(2)非同步訊息（Async Message）：

UML 符號是一帶有箭號的實線。非同步訊息表示訊息傳遞後，不須等到接收回傳的訊息，系統即可繼續處理下一個程序。網站應用程式（Web Application）的設計，發送給伺服端的訊息很多都是非同步的呼叫方式。

(3)回傳訊息（Reply Message）：

UML 符號是一實心箭頭的虛線，表達回傳結果的訊息。

訊息符號的箭頭方向表示訊息傳遞的方向，可以為訊息標註訊息的名稱（或是操作或訊號的名稱）、參數值，也可以為訊息標註序號，以表示訊息在整個互動過程中的時間順序。

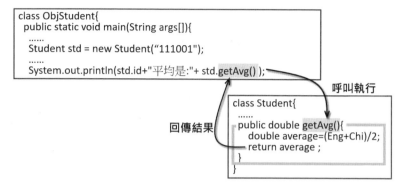

圖 1　呼叫執行時傳遞訊息的 Java 程式範例

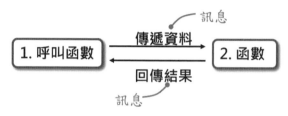

圖 2　訊息傳遞過程簡介

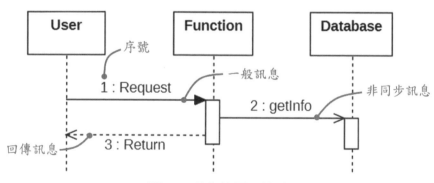

圖 3　訊息的圖示符號

4-8 介面

介面（Interface）是用來定義類別或元件服務的操作集合。與類別不同的是，介面沒有實作。簡單的講，介面就是操作均是宣告為抽象的類別。介面可以有名稱，在實務上，介面的名稱慣例是依據用途的名詞或名詞片語，通常會在名稱前加上一個大寫字母 I，表示這是一個介面。

介面的 UML 符號，如圖 1. 所示，有圖示（icon）、標籤（label）、裝飾（decoration）3 種，可以依據使用情況，自由採用。使用標籤或裝飾的圖示符號時，可以將屬性、操作之一或兩者隱藏不顯示。

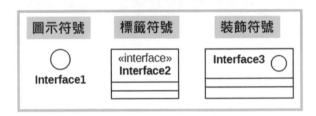

圖 1　介面的圖示符號類型

和類別一樣，介面的關係可以使用關聯關係、依賴關係，和一般化關係。此外，介面還具備實現關係。實現介面的類別或元件必須實作介面中定義的所有操作的程式碼。介面的實現關係可以使用兩種方式表示，參考圖 2. 所示，示範類別 CollegeStudent 和介面 Student 之間的實現關係。

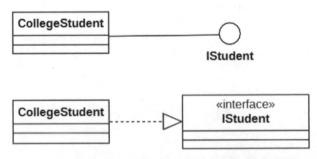

圖 2　介面與類別實現關係的兩種圖型表達方式

介面能提供類別多元繼承的方式，也就是一個類別能夠實現多個介面（就好比一個類別可以繼承多個類別一般）。例如圖 3. 使用標籤（label）或裝飾（decoration）符號呈現的圖形，大學生 CollegeStudent 類別實現

了社團 IClub、學生 IStudent、學籍升級 IPromotion 三個介面；而研究生 GraduateStudent 類別因為沒有社團功能（這只是筆者所在學校的狀況），所以只實現學生 IStudent 與學籍升級 IPromotion 兩個介面。

而其中 IClub、IStudent 兩個介面，使用了 StudentInterface 類別，且學籍 GradeStatus 類別則是使用了 IPromotion 這一個介面，因此這些類別與介面之間存在依賴關係。

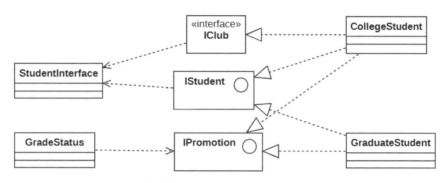

圖 3　使用裝飾符號表示介面多元實現與依賴關係

若介面使用圖示（icon）符號圖示的方式，依賴關係與實現關係線條的呈現就會如圖 4. 的表現方式。

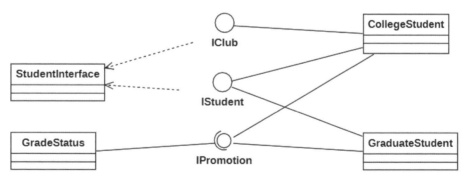

圖 4　使用圖示符號表示介面多元實現與依賴關係

4-9 套件

套件（Package）是一個用來將模型元素分組的通用方式，也就是說，套件的使用目的是群組事物。套件就像資料夾一樣，可以將模型的元素分組隱藏，使得 UML 圖更容易理解。實務上，套件的名稱通常是依據應用的分類，而以名詞或名詞片語命名。

如圖 1. 所示，套件的 UML 符號也有圖示（icon）、標籤（label）、裝飾（decoration）3 種，可以依據使用情況，自由採用，不過基本都是使用標籤符號，圖示與裝飾符號較少見。當圖表或元素多而亂時，將相關的圖表或元素分組到一個套件中，簡潔和易於理解。

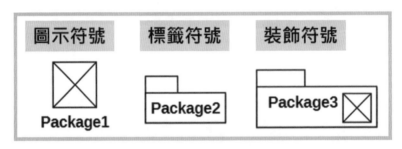

圖 1　套件的圖示符號類型

套件可以使用在任何一個 UML 視圖中，但通常是在使用案例圖和類別圖，當然也可以使用套件專屬的套件圖（Package Diagram，請參見第 5-12 節的介紹）。套件內可以包含類別、介面、元件、節點、合作、使用案例、圖形或其他的套件等元素。每個元素只能被一個套件所擁有，不允許一個元素存在不同的套件（這也是物件導向程式的基本觀念）。

一個套件界定了一個名稱空間（namespace），表示在同一個套件中，元素必須有不同的名字，不允許存在同名稱的元素。例如，在同一個套件中，不能有名稱都是 Student 的兩個類別，但是可以在套件 Package1 中有一個名稱為 Student 的類別，且套件 Package2 中也有一個名稱為 Student 的類別。使用時，需要以套件名稱作為路徑標示為 Package1: :Student 和 Package2: :Student 來區分的不同的類別。

> 例如 Java 的 java.util 套件內有 Date 類別，java.sql 套件內也有相同名稱的 Date 類別。如果程式中同時匯入（import）這兩個套件，使用時就必須標明是 java.util.Date，還是 java.sql.Date。

1. 可視度（Visibility）

如同類別的屬性和操作之可視度一樣，套件中元素的可視度也是可設定的（請注意，可視度是設定套件內的元素，不是套件本身）。套件的可視度僅有公用（public）、私用（privage）、保護（protected）與套件（package）四種，套件中的元素預設爲公用（public），表示匯入該套件中的任何元素都是可視的。

表 1　套件可視度類型

可視度	符號	說明
公用（public）	+	該套件中的任何元素都是可視的。
私用（private）	−	表示此可視度之套件內的元素只對同一套件中的元素是可視的。
保護（protected）	#	表示此可視度之套件內的元素對於子套件中的元素是可視的。
套件（package）	～	宣告可視度之同一套件的元素，可視見其他元素內的套件成員。

2. 匯入與匯出（Importing and Exporting）

一個套件透過匯入的使用，能夠單向地使用另一個套件中的元素。在 UML 中，匯入關係使用造型 <<import>> 標示的依賴關係符號表示。

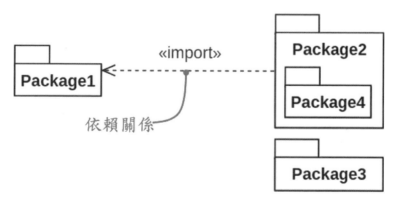

圖 2　套件的匯入圖示表示方式

　　如圖 2. 所示，Package2 套件匯入 Package1 套件，表示 Package2 套件能夠使用 Package1 套件內宣告為公用的元素，但無法使用 Package1 套件內宣告為私用或保護的元素。而 Package3 套件並沒有匯入 Package1 套件，所以 Package 3 套件內的元素都不可以使用 Package1 或 Package2 套件內的元素。

　　如果一個元素在套件中是可視的，則對於該套件中包含的所有子套件都是可視的，也就是說，子套件可以看見父套件所能看見的所有元素。Package4 套件是 Package2 套件的子套件，因此 Package4 套件能夠使用 Package2 套件宣告為公用或保護的所有元素，以及 Package2 匯入之 Package1 套件內宣告為公用的元素。

　　表達套件之子套件，除了使用圖 2. 直接在 Package2 內包含 Package4 的方式，如果子套件太多，也可以採用如圖 3. 所示使用包含（containment）關係的方式描述巢狀關係。

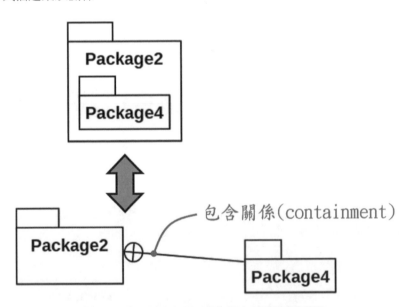

圖3　套件包含子套件的包含關係圖示

　　包含關係使用前端圓形內帶有十字的實線，表示包含可包裝的元素或其他套件。除了包含關係，套件還有匯入（import）的依賴關係。如圖 4. 所示，依賴關係使用前端為箭號的虛線，並標示 <<import>> 造型，表示匯入其他元素或套件。

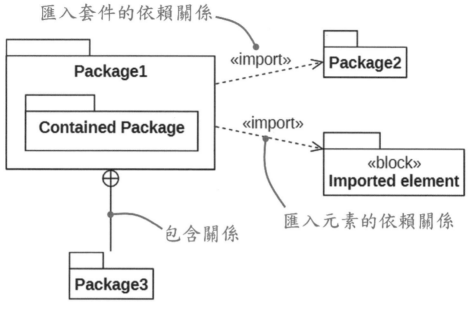

圖4　套件匯入元素或套件的依賴關係

4-10 元件

描述一個資訊系統時，將系統裡的元素模組化（Modularity），就成為一個元件（Component）。也就是說，元件代表了系統基本構造的軟體模組，系統可以由這些基本構造的軟體模組組成。將元件與元件間的關係做描述時，資訊系統的運作可以比描述類別關係更加簡潔。因此，使用者不僅可以較為清楚了解系統的軟體架構，也能提供軟體功能更為良好的邏輯文件。每個元件封裝的邏輯單元可以是類別、介面、合作等。元件具有下列特點：

(1) 元件是實際存在的，而不是一個概念。
(2) 元件是可替代的。可以使用遵循同一個介面的一個元件來代替另一個元件。
(3) 元件是系統的一部分。元件很少獨立存在，一個元件需要與其他元件互動。
(4) 元件可以被多個系統重複使用。

許多作業系統和程式設計語言都具備元件，例如，JavaBeans 就是元件。在 UML 中元件使用如圖 1. 所示的符號來表示。

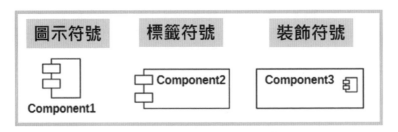

圖 1　元件的圖示符號類型

1. 元件與類別

元件與類別有許多共同之處，它們都有名稱，都可以實作一系列介面，都支援巢狀（nested），都可以有實例，都可以互動；元件或類別之間都可以存在依賴關係、一般化關係和關聯關係。但是，元件與類別是不同的，兩者之間有下列本質的差異：

(1) 存在環節

類別是邏輯的抽象，而元件是實體的、可以存在於現實環境的。也就是說，元件可以存在節點（node）上，但是類別不能。為系統塑模時，選用類別還是元件可以依據該區別進行判斷。如果要塑模的單元實際存在於節點上，則可以使用元件，否則就一定使用類別。

(2) 關係層次

　　元件代表了其他邏輯單元的實體封裝，與類別的抽象存在於不同的層次。元件是一系列其他邏輯單元（如類別、合作等）的實體實現。元件與它所實現的類別之間可以用依賴關係進行描述。不過，通常不需在圖形化的模型中明確表示這種關係，而只是把這種關係作為元件定義規範的一部分。

(3) 應用方式

　　類別本身有屬性和操作。但是，元件的操作通常只能通過介面來存取。元件與類別都可以實作介面，但元件的服務只能通過介面來存取。實務上，將所有實作一個介面的類別，包裝為元件是很常見的做法。如圖 2. 所示，寵物 Pet 介面無論是實現魚、狗、貓等類別，都將整個封裝成一個原件來描述。

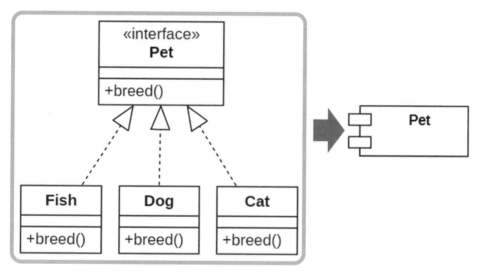

圖2　元件封裝介面與各實現類別的範例

2. 元件與介面

　　介面是操作的集合，定義了類別或元件的服務。元件的操作通常只能通過介面來存取，因此，元件與介面之間的關係是很重要的。元件之間需要透過介面連接在一起。介面使用的圖示包括下列兩種：

(1)介面使用「標籤」符號的圖形。

　　如圖 3. 所示，Pet 元件使用 Itreatment 介面，採用依賴關係線條，而提供介面的元件（也就是 Mediacal 元件實作了 Itreatment 介面）之間的連結，會採用實線關係的線條。

圖3　元件使用標籤符號的連結關係線條

(2)介面使用「圖示」符號的圖形。

　　組件也可以如同類別表示法一樣列出介面。介面表示組件中的類別與其他系統組件溝通的位置。表示介面的方式是從組件框中展開如圖 4. 所示的符號。

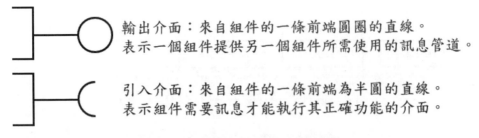

圖4　使用圖示符號的介面外觀

　　依據的圖示符號方式表達介面的方式，圖 3. 等同於圖 5. 所示元件之間使用引入介面與輸出介面符號連結的圖形。

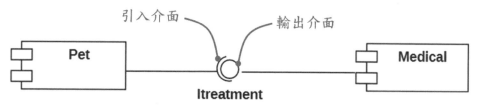

圖 5　元件使用圖示符號的連結關係線條

　　被一個元件實現的介面被稱爲該元件的輸出介面（Export Interface）。一個元件可以有多個輸出介面，元件將該介面作爲服務窗口向其他元件開放。被一個元件使用的介面被稱作該元件的引入介面（Import Interface），元件必須遵循由引入介面定義的服務協定。元件既可以具有引入介面也可以有輸出介面。

4-11 部件與埠

1. 部件

部件（parts）是分類器包含的一組（一個或多個）實例的元素。例如一個圖.的實例有一組圖形元素，則這些圖形元素就可以表示為部件，並可以對這些部件之間的關係塑模。部件必須存在分類器內，不會獨立存在。因為部件是被包含在分類器之內，所以當包含部件的分類器實例被銷毀時，所有部件也都會被銷毀。

部件的 UML 圖形符號如圖 1. 所示，部件以類似於物件的方式顯示，使用一個矩行方框，只是物件名稱底下必須加上底線；而部件名稱則沒有底線。如果名稱包含型態時，型態名稱之前需要加上冒號。

2. 埠

埠（Port）是分類器的一個屬性，作為分類器與其環境之間或分類器（的行為）與其內部部件之間互動的接點，就如同是電源端的插座。埠可以代表一個類別器實例的外部可視的部分。如圖 3. 所示，埠的圖示符號為一個矩形框，置於所屬分類器的邊緣線上，以連接對應的介面。埠可以使用在類別、元件、部件、節點等分類器上，不過大多是應用在元件。

埠指定了分類器提供的服務，以及分類器要求提供的服務。如圖 4. 中，Component 1 元件具備一個 Port 1 埠，該埠屬於 Component 1 元件的屬性，負責連結對外的 Interface 1 輸出介面。此外，Component 1 元件內還包含一個 Part A 部件，該部件具備一個 Port A 埠，該埠連結 Component 1 元件的 Port 2 埠再連結到對外的 Interface 2 輸出介面。

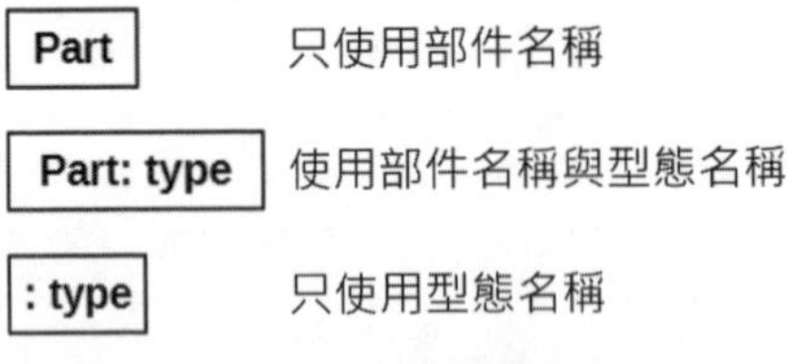

Part	只使用部件名稱
Part: type	使用部件名稱與型態名稱
: type	只使用型態名稱

圖 1　部件使用圖示符號

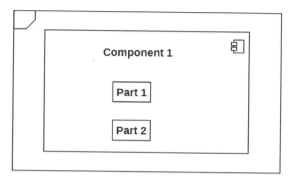

圖 2　部件的圖示符號使用範例

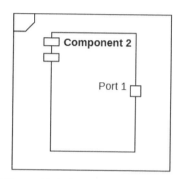

圖 3　埠的圖示符號使用範例

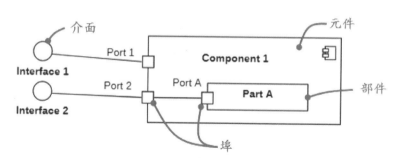

圖 4　部件與埠的使用範例

4-12 狀態

1. 定義

(1) 狀態（State）

描述了物件在生命週期中的一種條件或狀況。例如，物件在滿足某個條件，或執行某個動作，或等待某個事件。一個狀態只在一個有限的時間區段內存在。

(2) 狀態機（State Machine）

描述了物件在生命週期中回應事件所經歷狀態的序列，以及物件對這些事件的回應。狀態機由狀態、移轉（從一個狀態到另一個狀態的流程）、事件（觸發移轉的事物）、活動（移轉的回應）等組成。

如圖 1. 所示，狀態的 UML 圖形符號是使用圓角矩形，並在其內標示狀態的名稱。圖2.是以冷暖氣機的運作，示範狀態與具備狀態序列的狀態機的運行流程。

2. 組成

狀態的組成，包括下列五個部分：

(1) 名稱（Name）

名稱可以用來區分不同的狀態。狀態也可以是匿名的，表示不具名的狀態。

(2) 起始／結束狀態（Initial/Final State）

起始狀態表示狀態機執行的開始；結束狀態表示狀態機的執行結束。開始的圖形符號為一實心圓，結束的圖形符號則是內含一個實心圓的圓圈。

(3) 進入／離開動作（Entry/Exit Actions）

進入或離開某一個狀態所執行的個別動作。

(4) 子狀態（Substates）

如圖 3. 所示，不含有子狀態的稱為簡單狀態（Simple State），含有子狀態的則稱為組合狀態（Composite State）。子狀態是狀態的巢狀結構。子狀態包括互斥子狀態（Disjoint Substates）和同步子狀態（Concurrent Substates）。
a.互斥子狀態：又稱為循序主動子狀態（Sequential Active Substates，或簡稱循序子狀態）。
b.同步子狀態：又稱同步活動子狀態（Concurrently Active Substates），是指同步進行的子狀態。
如圖 4. 所示，當控制進入組合狀態時，控制會被分為多個同步的流程。這

些流程的子狀態是同步進行的，只有當這些同步子狀態都到達最終狀態時，控制流程才重新合併爲一個流程。如果移轉狀態包含條件時，可以使用 UML 符號方框 [ ] 標示的條件判斷，稱之爲防衛條件（guard）。

(5) 延遲事件（Deferred Events）

延遲事件是指某些事件表列並不在狀態內處理，而會延遲並傳入佇列，由另一狀態的物件處理。

圖 1　狀態的圖形符號

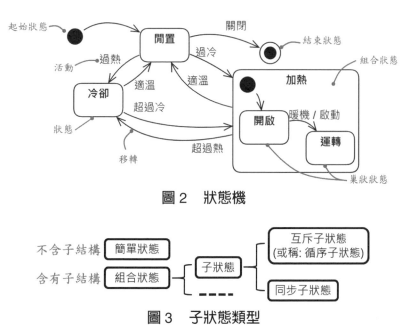

圖 2　狀態機

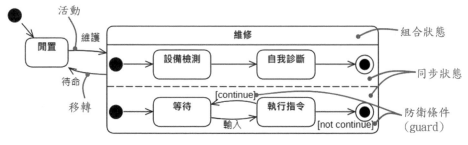

圖 3　子狀態類型

圖 4　同步子狀態圖形使用範例

4-13 歷史狀態

含有子狀態的稱爲組合狀態，如果沒有特別規定，每當移轉進入一個組合狀態時，巢狀的子狀態機一般都從初始子狀態重新開始。但在某些情況下，當離開一個組合狀態，又重新進入該組合狀態時，並不希望從該組合狀態的初始子狀態開始運行，而希望繼續上次離開該組合狀態時的最後一個活動子狀態。因此，就可以使用歷史狀態來描述這種情況。

歷史狀態使得含有順序子狀態的組合狀態能記住離開該組合狀態前的最後一個活動子狀態，且每一個組合狀態最多只能有一個歷史狀態的起始。

如圖 1. 所示，歷史狀態的 UML 圖示符號，使用一個帶圓圈的 "H" 表示淺歷史狀態；如果 H 旁加上星號，則表示是深歷史狀態。

(1) 淺歷史（shallow history）

淺歷史代表其包含狀態的最新活動子狀態（但不是該子狀態的子狀態），也就是只記住組合狀態最外層的歷史。

(2) 深歷史（deep history）

深歷史表示直接包含虛擬狀態的組合狀態（例如，前次離開組合狀態時的狀態配置），也就是表達記住組合狀態所有巢狀的子狀態歷史。

如果希望移轉啟動上次離開組合狀態時的最後一個活動子狀態，則將組合狀態外的這個移轉直接移轉到歷史狀態中。當第一次進入組合狀態時，不會有歷史狀態，因此從歷史狀態到循序子狀態有一個移轉，這個移轉的目標（也就是該循序子狀態）宣告了移轉第一次進入時，子狀態機的初始狀態。

例如圖 2. 的範例，在組合狀態內，從歷史狀態到循序子狀態「demand」爲第一個移轉，循序子狀態「demand」就是移轉（由事件「start」開始觸發的）初次進此狀態機的初始狀態。假設在狀態機內的子狀態「coding」，發生「pause」（暫停）事件，控制就離開子狀態「coding」和歷史狀態（如果必要，可以指定執行離開動作），移轉到狀態「meeting」（開會）。

當事件「start」再度發生時，移轉又會進入組合狀態內的歷史狀態，這次因爲子狀態機有歷史，因此控制被傳遞回子狀態「coding」，跳過子狀態「demand」、「analysis」和「design」，就是因爲「coding」是一次離開組合狀態時，最後一個活動子狀態。

最後，如果子狀態機進入結束狀態，這時就會刪去儲存的歷史。

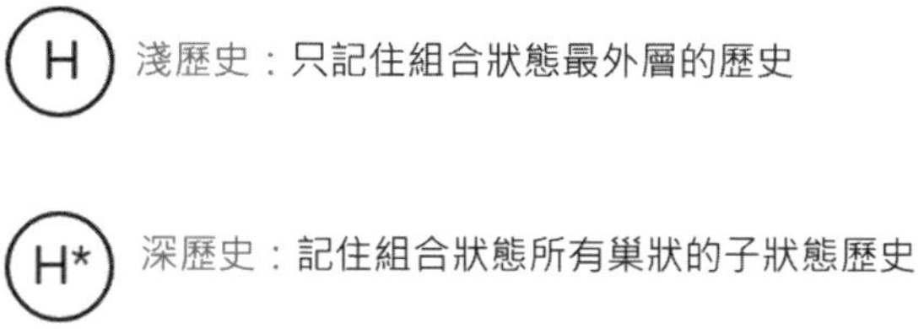

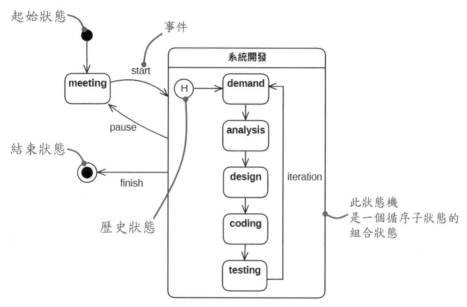

淺歷史：只記住組合狀態最外層的歷史

深歷史：記住組合狀態所有巢狀的子狀態歷史

圖 1　歷史狀態的圖示符號

圖 2　歷史狀態圖形使用範例

4-14 移轉

移轉（Transitions）是兩個狀態之間的一種關係，每一個狀態或活動都會產生一個轉換，將其連接到下一個狀態或活動。移轉表示物件在前一個狀態（來源狀態）時執行某些動作。當規定的事件發生或滿足條件時，就會從一種狀態換到下一個狀態（目標狀態）。

移轉的 UML 符號為有箭頭的實線，如圖 1. 所示，依循箭頭方向表示從活動（或動作）到活動（或動作）的控制流程的傳遞。

移轉的組成，包括下列 5 個部分：

1. 來源狀態（Source State）

來源狀態是被移轉前的狀態。如果物件處在來源狀態，當物件收到移轉的觸發事件或滿足條件時，就會產生一個離開的移轉。

2. 目標狀態（Target State）

目標狀態是在完成移轉後被啟動的狀態。

除了一般由來源狀態移轉到目標狀態之外，移轉還有發生在自身的情況：

a. 自我移轉（Self-transition）：

自我移轉的流程會離開狀態和處理退出的活動，移轉時會執行自我移轉的活動，然後重新進入狀態和處理進入的活動。也就是說，移轉的整個過程事先離開現有的狀態，再重新進入現有的狀態。

如圖 2. 所示的狀態範例，從選課 Lecture 狀態到結束 Close 狀態的移轉，Lecture 狀態的來源狀態，因有循環狀態的處理活動，只要滿足 sum <=60 的條件，即會進行自我移轉，當條件滿足 sum>60 時，就會將狀態移轉到 Close 狀態。

b. 內部移轉（Internal Transition）：

內部移轉完全沒有離開現有狀態。由於沒有離開狀態，所以不需要執行離開和進入動作。

3. 觸發事件（Event Trigger）

觸發事件是指觸發狀態移轉的發生。觸發事件可以是訊號、呼叫、時間或狀態的變化等。當狀態接收到觸發事件時，只要防衛條件滿足就會引發移轉的發生。參考圖 2. 所示的 addStudent 就是觸發事件。

移轉也可以是非觸發的，非觸發的移轉（A Triggerless Transition）也被稱為完成移轉（Completion Transition）。當來源狀態完成活動時，移轉被隱藏式地觸發，也就是說，完成移轉是由動作的完成自動觸發的，而不是由事件觸發的。

4. 防衛條件（Guard Condition）

防衛條件是一個布林運算式，進行條件判斷。布林運算式由方括號 [ ] 括著，放在觸發事件後面。當觸發事件發生後，判斷防衛條件內運算式的值，如果值為真（true，也就是條件成立），就會觸發移轉；如果值為假（false，也就是條件不成立），移轉就不會被觸發；如果沒有其他的移轉可以被這個觸發事件觸發，則事件被忽略。例如，圖 2. 中自我移轉的 [sum<=60] 和由 Lecture 狀態移轉到 Close 狀態的 [sum>60] 就是防衛條件。

5. 動作（Action）

動作是一個可執行的單元運算。動作可以包括方法的呼叫、建構或解構物件，或是給物件發送一個訊號等。例如，圖 2. 中選課 Lecture 狀態執行的 "sum=sum+ 1" 就是一個動作。

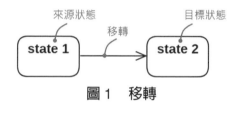

圖 1　移轉

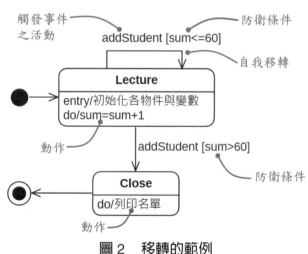

圖 2　移轉的範例

4-15 活動

活動（Activity），也稱爲活動狀態，是構成流程的一系列動作。對於狀態而言，也是在狀態機中進行的一系列動作組成。

1. 動作狀態

動作（Action）透過表示式設定屬性值和回傳值，也可以呼叫執行物件的操作、傳送訊號（signal）給某個物件、建構或解構物件等。每個動作都是系統狀態，均代表某項動作的執行，而且執行的時間都很短。

動作是無法分割的，所有的動作狀態都是單元狀態，也就是說動作裡面可以發生事件，但是不可以中斷動作的執行。

2. 活動狀態

活動（Activity）通常表示操作的呼叫執行、商務流程中的一個步驟或整個流程。活動並非是單元狀態，所以活動是可以分割的，內部發生的事件是可以中斷的，而且活動的完成需要時間。因此要深入了解活動時，可以應用 UML 的活動圖（Activity Diagram）來表達其細節的流程。

動作與活動的差別：

(1)動作是一個整體，所以動作在完成前不會被事件中斷，但是活動則是允許被其他事件打斷。

(2)動作是單一一個運算單元，活動是由一系列動作組成。

可以把動作看做特殊的活動，也就是即動作是不能再進一步分解的活動。

圖1　活動的圖形符號

狀態內容如果有一組完整的狀態序列，可以使用組合狀態（Composite State）圖示，將該狀態序列包含在內。如圖 2. 所示，應用「提款服務」組合狀態圖示包含驗證、交易選擇與交易處理三個完整的狀態序列。

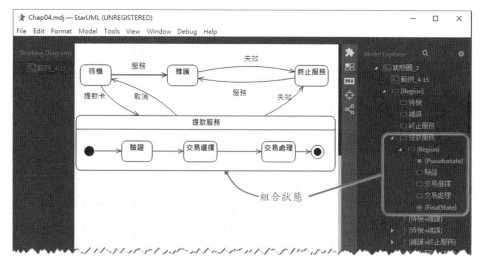

圖2　使用組合狀態包含狀態序列

> starUML 工具軟體繪製的動作圖形和狀態的圖形一　，都是圓角矩形，並不
> 是如圖 1. 的橢圓柱形。因為，動作與活動都是狀態的形式，所以在圖形表
> 示時都以狀態的圖形表示。

　　如圖 3. 以提款機（Automated Teller Machine，ATM）狀態圖作範例說明，
活動的使用時機：假設需要增加「驗證」狀態的活動，而該活動需要搭配活動
圖表示：

　　(1) 點選「驗證」狀態，並按下滑鼠右鍵，於浮動視窗選擇「Add」，增加
一個「Do Activity」執行活動。執行活動選擇「Activity」。

　　(2) 完成後，即會在「驗證」狀態之下增加一個預設名稱為「Activity1」的活
動。如果需要改名，可在視窗右下方的「Editors」，更改「Activity1」的名稱。

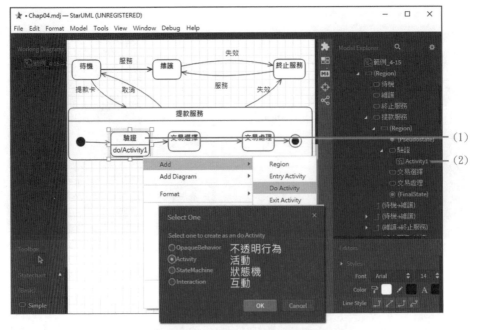

圖3　增加「驗證」狀態的執行活動

如果要為此「Activity1」活動產生流程圖,可以依圖4.所示在「Activity1」圖示點擊滑鼠右鍵,於浮動視窗的「Add Diagram」選項選擇「Activity Diagram」,即會新增並開啟另一新的空白活動圖工作區。

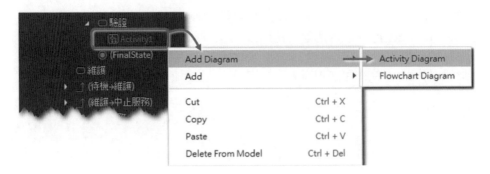

圖4　增加 Activity1 的活動圖

於增加的活動圖內，加入如圖 5. 表達「驗證」狀態執行活動（do activity）
Activity1 的流程。

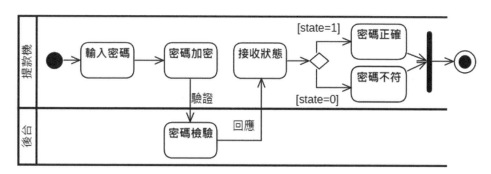

圖 5　狀態的執行活動

4-16 事件

事件（Events）是發生時會導致某些動作處理的事情。以物件導向程式而言，事件是在特定時間和空間上發生的規格，可以精確識別，並能通知程式發生關鍵的訊號。例如滑鼠左鍵選點一個按鈕，這時會發生如滑鼠移至按鈕上方、滑鼠左鍵按下、滑鼠左鍵釋放等事件。

通常對電腦執行某一個動作，會引發多個事件發生，這時就依設計考量，需要針對那些事件指派對應的行為或後續動作。也就是說，事件觸發的行為或引發的動作取決於您如何構建系統。當事件和動作之間存在明確的連結時，這稱為因果關係（causality）。

如圖 1. 所示的時鐘 DigitalClock 類別及其相應的狀態機圖。圖中顯示了狀態機中的事件如何與類別的操作關聯。時鐘具有三種狀態：正常顯示狀態，以及用於設置時鐘的小時和分鐘的兩種狀態。

1. 事件簽章

事件簽章（event signature），是由事件名稱和參數組成，指定觸發轉換的事件，以及連接到事件的附加資料。參數的語法為名稱與型態之間以冒號區隔，參數之間則是以逗號分隔的列表：

參數名稱：型態，參數名稱：型態，……

參數的型態是指如整數、布林值或字串等資料型態，也可以省略不顯示。參考下列一些狀態轉換的事件簽章範例：

```
draw (f:Figure, c:color)
redraw( )
redraw
paint (invoice)
```

以狀態機圖描述升降電梯運作的範例，請參考如圖 2. 所示。

2. 事件類型

依據事件發生的環境，事件可區分為下列三個類型：

(1) 外部事件（External Event）：系統與其他參與者之間所發生的事件，例如使用者按下提款機的某一個按鈕。

(2) 內部事件（Internal Event）：也稱為暫時事件（Temporal Event），是系統

內部在指定時間內，各個物件之間所傳遞的事件，例如備份、索引重整、報表等定期執行的作業（housekeeping）。

(3) 狀態事件（State Event）：系統內部因某一事件觸發引起系統必須處理的事件，通常是由外部事件引發，且與時間無關的事件。例如庫存量過低引發進貨需求，或是系統發生錯誤或例外。

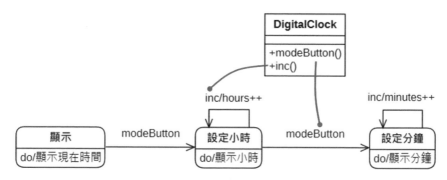

圖 1　狀態機圖描述事件

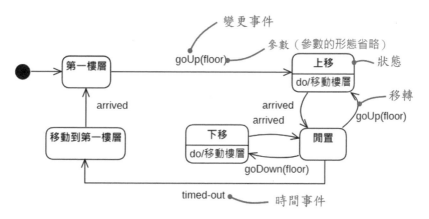

圖 2　電梯樓層升降狀態機圖

4-17 事件與訊號

1. 事件型態

無論是內部還是外部，UML 事件的種類可以分為如圖 2. 所示的四種型態：

(1) 訊號事件（Signal）：從另一個物件接收到明確訊號的訊息。

(2) 呼叫事件（Call Events）：收到呼叫執行操作的訊息。

(3) 變更事件（Change Events）：一個條件變為真。

(4) 時間事件（Time Events）：經過一段指定的時間。

事件具備一些基本重要的語義：事件是啟動狀態轉換的觸發器，且事件一次只能處理一個。如果一個事件可能會觸發多個狀態轉換，則只會處理其中一個狀態轉換。如果事件發生，並且狀態轉換的防衛條件為假（false，也就是判斷條件不成立），則觸發器就不會觸發。因為事件不會被系統儲存，所以縱使事後防衛條件變為真時，也不會觸發轉換。

一個類別可以接收或發送呼叫操作、訊號的訊息。狀態轉換的事件簽章可以用於兩者。呼叫事件是當一個操作被呼叫時，就會被執行並產生一個結果。

訊號是指定活動物件之間的單向非同步通訊，通常用於事件驅動的系統和分散式運算環境中。訊號與訊息（message）類型的差異是：當一個物件接收到訊號時，該物件不需要返回任何資訊，只需按照接收訊號指定的行為執行相對應的操作。而訊息則是包括傳遞與接收回傳的訊息。訊號的名稱用來描述它在系統中的用途。

如圖 1. 所示，訊號的 UML 圖形符號和類別相同，為一個矩形包含三個部分：第一部分包含關鍵字為 «signal» 的造型和訊號的名稱；第二部分為屬性；第三部分為操作。

參考圖 2. 示範描述一個溢位 Overflow 訊號事件，並以 <<send>> 造型來訂定與其送出訊號的堆疊 Stack 類別之間的相依關係。

訊號支援多型（polymorphism），可以建立層次結構。因此，如果狀態轉換具有指定特定訊號的事件簽章，則所有子訊號也可以通過相同的規範接收。如圖 3. 所示一個抽象訊號類別 Input 的層次結構。下方的狀態機圖接收包括 Input 類別的子類別之輸入訊號。訊號可以是以下類別的物件：Keyboard, RightMouseButton、LeftMourseButton、VoiceRecognition，不包含 Input 與 Mouse，是因為這兩個是抽象類別，不具備實作。

UML 沒有提出如何在程式語言中實現訊號事件的任何建議。不過，實現訊號的方式相當簡單：將訊號以類別的形式來實現。接收訊號的類別必須有一個相對應的操作來接收訊號物件作為參數。

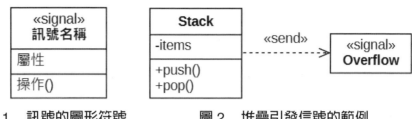

圖 1　訊號的圖形符號　　　　圖 2　堆疊引發信號的範例

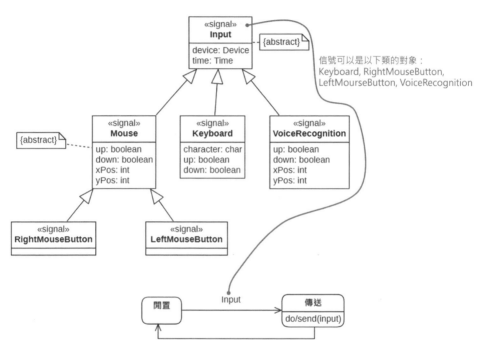

圖 3　抽象訊號類別的層次結構應用於狀態機圖範例

4-18 判斷與同步條

1. 判斷（Decision）

　　流程不會只是循序的單一路徑，通常還會需要依據布林邏輯（Boolean logic）來做選擇不同的路徑，如同程式語言常用的 if 判斷。UML 的判斷條件分為分支與合併，使用如圖 1. 所示的菱形符號表示，如果需要也可以給判斷名稱。

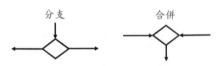

圖 1　判斷的分支與合併圖形符號

(1) 分支（Branch）

　　分支分支具備一個進入移轉（incoming transition），以及兩個以上的離開移轉（Outgoing Transition）。如圖 2. 所示，分支的每一個離開移轉都有一個防衛條件標示（也就是條件必須使用方括號 [ ] 括起來），工作流程依據符合的防衛條件進行分支。多數情況下，判斷只有兩個由布林運算式（true/false）決定離開移轉，但也可以有多於兩個不同防衛條件的情況。

(2) 合併（Merge）

　　合併使用和分支相同的菱形圖形符號。如圖 2. 的範例，合併可以具有多個進入移轉，但只有一個離開移轉。

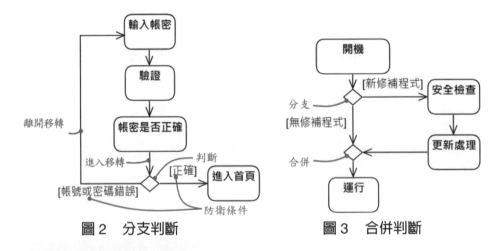

圖 2　分支判斷　　　　　　圖 3　合併判斷

2. 同步（Synchronization）

　　流程中除了常見的簡單和判斷的循序移轉之外，還會經常遇到同步的流

程。UML 使用同步條（Synchronization Bars）表達分岔和會合的平行流程。
如圖 4. 所示，分岔與會合的圖形符號是一條較厚的水平或垂直實體線。

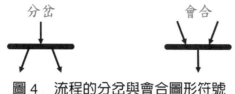

圖 4　流程的分岔與會合圖形符號

starUML 工具軟體繪製同步條時，會依據滑鼠軌跡決定線條是水平還是垂直。如果事後要更改，例如欲將水平線改爲垂直線，如圖 5. 所示，可以以滑鼠左鍵拖拉線條四個斜角調整。

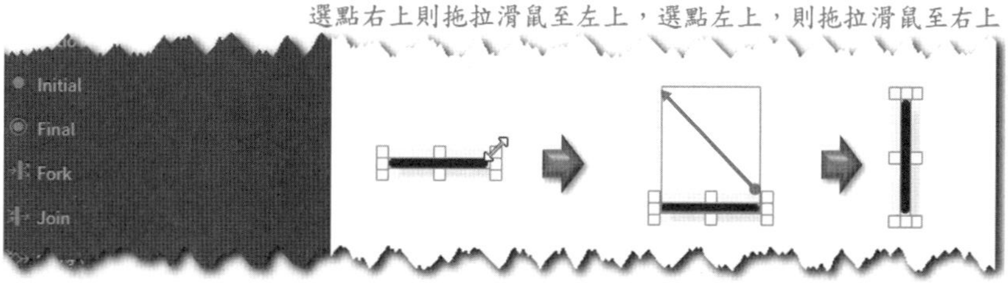

選點右上則拖拉滑鼠至左上，選點左上，則拖拉滑鼠至右上

圖 5　調整同步條為垂直或水平

(1) 分岔（fork）

分岔是一個控制節點，具備一個進入移轉和兩個以上的離開移轉，表達將一個流程拆分爲多個同步流程。

(2) 會合（merge）

會合是多個同步流程合併的控制節點，具備兩個以上的進入移轉和一個離開移轉。

如圖 6. 所示的訂單出貨流程，示範使用分支和合併的判斷及分岔與會合的同步使用案例。

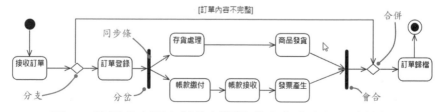

圖 6　使用分支和合併的判斷及分岔與會合的同步範例

4-19 節點

　　節點（Node）是系統運行時存在的實際單元。通常，節點用於表達系統運作的硬體結構，代表了具有記憶體以及處理能力的計算資源，或是運作的處理器或設備。節點與元件（Component，請參見4-10節的介紹）之間的差異如下。

(1) 元件代表了系統基本構造的軟體模組；節點則是運行元件的硬體。

(2) 元件代表了其他邏輯元件的實體封裝；節點則是表達了元件的設置與分佈。

　　節點與運行其上的元件之間的關係可以用依賴關係來表示。不過通常不會在圖形中顯示（會過於瑣碎），而只是在節點中定義。

　　如圖1.所示，節點的 UML 符號是一個立體的矩形，其內容還可以具備屬性與操作。圖1.中左邊是節點最簡單表示的方式，只標明節點的名稱；右邊的圖形表示一個名稱為 Pad 的節點，該節點具備中央處理系統 CPU 屬性和記憶體 memory 屬性，以及處理借閱歸還的 circulate( ) 操作和移交點收的 deploy( ) 操作。

　　系統設計時，可以使用套件將多個節點分組，方便管理與檢視。如圖2.所示，將 Server 端的設備與 Client 的設備或環境，以套件方式分組區隔。

　　節點之間的關聯，可以使用關聯關係、依賴關係，或是一般化關係。其中，最常使用的是關聯關係。如圖3.所示，關聯關係可以表示節點間的實體連接，例如，乙太網連接、串列或匯流排等，甚至可以用來表示間接連接，例如，無線網路等。

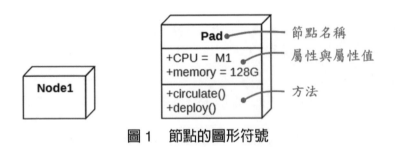

圖1　節點的圖形符號

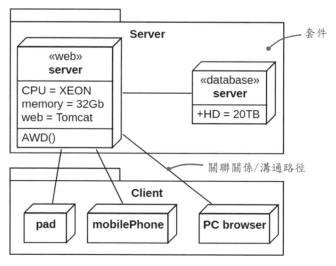

圖2 節點使用套件進行分組

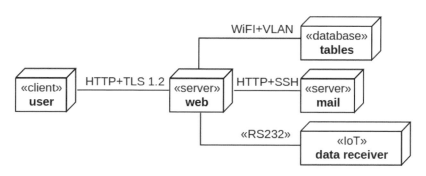

圖3 節點之間的連線

第5章
UML 視圖

5-1 UML 視圖類型

1. 系統開發

　　UML 1.X 定義了 9 種視圖，UML 2.0 增加 4 種，UML 2.4 版之後又再擴充輪廓圖（Profile diageram），總共定義了 14 種視圖。這些視圖區分為如圖 1 所示的兩大類型：一是表達靜態的**結構塑模視圖**（Structural Modeling Diagrams），二是表達動態的**行為塑模視圖**（Behavioral Modeling Diagrams）。

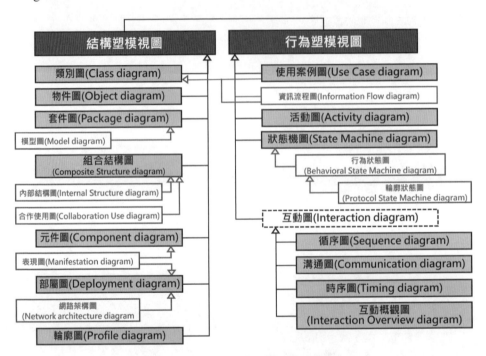

圖1　UML 2.5 規範定義的視圖

　　圖 1 所示的視圖不止 14 種，只有灰色底圖的才是官方分類標準的 UML 視圖。因此，如果不考量研擬中的視圖，可以將上述包含一般化關係的視圖，簡化成圖 2. 所示的結構圖。

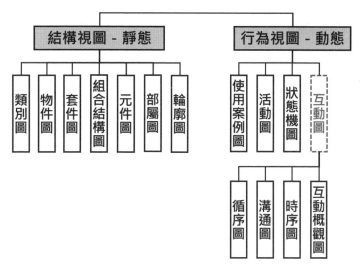

圖2 UML 實際涵蓋的視圖

UML 2.5 版為了符合模型驅動架構（Model Driven Architecture，MDA）的需求，做了許多修改，除在圖形基礎上擴充及修正了部分呈現的方式外，還擴增了一些圖形的元件，例如增加由循序圖與互動圖所混合而成的互動概念圖、強調時間點的時序圖與組合結構圖，此外，也將原先 UML 1.4 的合作圖更名為溝通圖，在循序圖中也加入了互動框（interaction frame）的概念，以及增加了一些運算子（如 sd、loop、alt 等），更符合實際軟體工程的程式撰寫需求。同時，為配合 MDA 推動的目標，UML 提供穩定的基礎架構，容許軟體開發工具加入自動化作業。此外，MDA 把大型系統分解成幾個元件模型，並與其他模型保持連接，使得 UML 提供更加精確的塑模效果。

UML 2.X 是衡量各個系統開發的環境與需求而規畫，適用於超大型、整合型的系統設計需求。因此，UML2.X 新增部分對於多數開發的價值和意義並不是很高，以致於在系統開發的社群中有些爭議。在多數實際的開發環境中，大多數中小型系統而言，實際上是不太需要使用的。因此，在學習 UML 時，可以先專注在最初使用案例圖、類別圖、互動圖（循序圖與互動圖）、活動圖與部署圖等基本視圖。

5-2 結構塑模視圖

結構塑模視圖（靜態圖形）主要是用來表示系統中事務的組成及關係。沒有時間相關的概念，也沒有顯示動態行為的細節。但是，它們可以顯示與結構中分類器行為的關係。

視圖	用途	使用元素
類別圖 Class diagram	將設計的系統、子系統或組件結構所包含的的類別、介面，以及它們的特性、限制等和關聯、一般化、依賴等關係連結的視圖。	類別（Class）、介面（interface）、特性（feature）、限制（constraint）、關聯（association）、一般化（generalization）、依賴（dependency）
物件圖 Object diagram	實例（Instance）等級的類別圖。物件圖可以算是廢止了，UML 1.4.2 規格中定義為「*物件圖是類別圖的一個實例，用來顯示了系統在某個時刻的詳細狀態的快照*」。不過在 UML 2.5 的規格中，並沒有物件圖的定義。	實例規格（instance specification）、物件（object）、屬性（property）、關聯（association）
套件圖 Package diagram	表達套件，以及套件之間的關係。	套件（package）、套件內的元素（packageable element）、依賴（dependency）、元素匯入（element import）、套件匯入（package import）、套件合併（package merge）
模型圖 Model diagram	輔助顯示系統的一些抽像或特定觀點的結構圖形，以描述系統的架構、邏輯或行為方面。	模型（model）、套件（package）、套件的元素（packageable element）、依賴（dependency）
組合結構圖 Composite structure diagram	用於顯示組合結構或部分系統的內部構造。	
內部結構圖 Internal structure diagram	顯示分類器的內部結構－將分類器分解為其屬性、部件和關係。	結構化的類別（structured class）、部件（part）、埠（port）、連接器（connector）、使用關係（usage）
合作使用圖 Collaboration use diagram	顯示系統中，物件之間相互合作以產生系統的某些行為。	合作關係（collaboration）、連接器（connector）、部件（part）、依賴關係（dependency）
元件圖 Component diagram	顯示組件之間的依賴關係。主要使用用於基於組件的開發（Component-Based Development，CBD），以描述具有服務導向的體系架構（Service-Oriented Architecture，SOA）的系統。	組件（component）、介面（interface）、提供的介面（provided interface）、所需的介面（required interface）、類別（class）、埠（port）、連接器（connector）、工件（artifact）、組件實現關係（component realization）、使用關係（usage）

視圖	用途	使用元素
表現圖 Manifestation diagram	彌補元件圖與部署圖缺乏描述到工件（artifact）的表現（實現）和產出的內部結構。	表現（manifestation）、組件（component）、工件（artifact）
部署圖 Deployment diagram	顯示將軟體產出部署（分發）到目的環境的的系統架構。	部署（deployment）、工件（artifact）、產出目標（deployment target）、節點（node）、設備（device）、執行環境（execution environment）、溝通路徑（communication path）、部署規格（deployment specification）
網路架構圖 Network architecture diagram	用來顯示系統的邏輯或實際網路架構的部署圖。此視圖在 UML 2.5 並未正式定義。	節點（node）、交換機（switch）、路由器（router），負載平衡器（load-balancer）、防火牆（firewall）、溝通路徑（communication-path），網段（network-segment）、主幹網路（backbone）
輪廓圖 Profile diagram（或譯為剖面圖）	最初是在 UML 2.0 定義，作為 UML 擴充機制的輔助視圖。允許定義客製化的造型（stereotype）、標籤值和限制。	無

5-3 行為塑模視圖

　　行為塑模的視圖（動態圖形），表達執行的時間序列狀態或交互關係。用於顯示系統中物件的動態行為。透過視圖來描述為隨著時間的推移對系統進行的一系列變化。

視圖	用途	使用元素
使用案例圖 Use case diagram	表達了一些系統或主題（subject）應該或可以與系統的一個或多個外部使用者（UML 稱為「參與者」）合作執行的一組行動（使用案例），透過綜觀系統全貌，向關係人提供一些可觀察到的和有價值的結果。	使用案例（use case）、參與者（actor）、主題（subject）、延伸（extend）、包含（include）、關聯關係（association）
資訊流程圖 Information flow diagram	顯示系統中物件的動態行為，可以將其描述為隨著時間的推移對系統進行的一系列變化。透過展示模型尚未指定或較少細節的各個觀點，可以有助於描述通過系統的資訊流。	資訊流（information flow）、資訊項目（information item）、參與者（actor）、類別（class）
活動圖 Activity diagram	顯示執行過程中，控制或物件的程序流程和條件狀況。	活動（activity）、分區（partition）、行動（action）、物件（object）、控制（control）、活動動線（activity edge）
狀態機圖 State machine diagram	表現執行程序中，物件內部狀態的改變，以及各狀態改變的關係與行為。狀態機圖除了表達系統某部分的行為之外，還可以用來表達系統某部分使用的輪廓。這兩種狀態分別是行為狀態圖和輪廓狀態圖。	
行為狀態圖 Behavioral state machine diagram	通過有限狀態移轉顯示設計系統的部分不連續行為。	行為狀態（behavioral state）、行為移轉（behavioral transition）、虛擬狀態（pseudostate）
輪廓狀態圖 Protocol state machine diagram	顯示使用輪廓或某個分類器的生命週期，例如在分類器各個狀態下可以呼叫執行分類器的哪些操作，在哪些特定條件下，以及在分類器轉換到目標狀態後，可以滿足那些後置條件。	輪廓狀態（protocol state）、輪廓移轉（protocol transition）、虛擬狀態（pseudostate）
互動圖 Interaction diagram	互動圖包或下列四種視圖：	
循序圖 Sequence diagram	最常使用的互動圖。著重於生命線之間物件的功能呼叫與訊息交換。	生命線（lifeline）、執行規格（execution specification）、訊息（message）、合併片段 combined fragment）、互動使用（interaction use）、狀態不變式（state invariant）、銷毀（destruction occurrence）

視圖	用途	使用元素
溝通圖 Communication diagram （UML 1.x 原名稱為：合作圖 Collaboration diagram)	聚焦於內部結構生命線之間的互動和訊息傳遞的過程。訊息傳遞的順序是依編號而定。	生命線（lifeline）、訊息（message）
時序圖 Timing diagram	視圖主要目的是作為時間的推斷。時序圖著重於在生命線內和生命線之間變化的條件的時間軸。	生命線（lifeline）、狀態或狀況時間表（state or condition timeline）、銷毀事件（destruction event）、持續限制（duration constraint）、時間限制（time constraint）
互動概觀圖 Interaction overview diagram	活動圖的變樣，用來提升控制流程的整體概觀。生命線和訊息不會使用在此概觀之下。	初始節點（initial node）、流程終結點（flow final node）、活動終結點（activity final node）、決策節點（decision node）、合併結點（merge node）、分岔結點（fork node）、接合節點（join node）、互動（interaction）、互動使用（interaction use）、持續限制（duration constraint）、時間限制（time constraint）

5-4 使用案例圖

使用案例圖包含 6 個元素，分別是參與者（Actor），使用案例（Use Case），關聯關係（Association），包含關係（Include），延伸關係（Extend）以及一般化關係（Generalization）。

使用案例圖是提供稱為參與者（Actor）之外部使用者了解系統功能的模型圖。使用案例（use case）是系統中的一個功能單元，表示參與者與系統之間的一次互動作用。表達系統功能全貌的最簡單圖形，通常應用在下列三個領域很有用：

(1) 決定需求：當系統分析與設計成型時，可以繪製新的案例來表達新的需求。

(2) 客戶溝通：使用案例圖單純與簡單，用來解釋系統功能，容易讓客戶理解。

(3) 測試案例：依據使用案例的情節（Scenario），產生這些情節的測試案例。

參考圖 1. 所示，使用案例圖繪製的重點：

(1) 案例使用橢圓形表示，並以方形外框、框（Frame）或以套件（package）方式表達系統邊界（system boundary），或稱使用案例主題（use case subject）。

(2) 參與者表示操作人員、使用者或外部系統，置於系統邊界之外。對系統而言，參與者代表角色，通常以人形表示，但外部系統可以使用人形或改用物件表達，並搭配 stereotype 標示其代表的意義。一般慣例，在系統邊界左方表示主要參與者（primary actors），也就是直接使用者，通常是指前台的使用者，或下游系統；在系統右方表示是次要參與者（supporting actors），也就是後台的參與者，通常是管理者或上游系統。

設計時，可以參考下列基本原則，決定有哪些參與者：
- 誰是系統主要使用者
- 誰從系統獲得資訊或功能服務
- 誰向系統提供訊息或功能服務
- 誰支援、維護、管理系統
- 系統需要與其他那些系統互動
- 系統需要運作那些硬體
- 系統自動化執行那些作業
- 系統使用的資訊是從哪裡獲得
- 不同使用者的角色是否相同
- 同一使用者是否有多種角色

---

(3) 使用者、各使用案例之間的關係以直線表示結合關係，但基於分割子系統的考量，會有如圖 2. 所示的包含（include）與延伸（extend）兩種擴充關

係（詳細說明請參見第 5-7 節的介紹）：

a. **包含**：使用造型 <<include>> 標示。例如 A 包含 B，表示 A 不能獨立執行，必須借助 B 的功能才能實現。包含關係使用虛線箭頭，方向指向包含的目標使用案例。

b. **延伸**：使用造型 <<extend>> 標示。例如 A 延伸 B，表示 A 為需求案例，自己可執行，但可增加 B 擴增新的功能。延伸關係使用虛線箭頭，方向由延伸案例指向需求案例。

當多個參與者、使用案例擁有共通的結構和行為時，可以將它們的共通性抽象成上一代。如圖 3. 所示，以一般化（generalization，也就是物件導向程式的繼承）的關係表示。

一個實體也可以扮演多種角色（參與者），例如，一個老師可以是授課教師，也可以臨時擔任學務處人員。在確定實體的參與者身份時，應考慮其所扮演的角色，而不是實體的頭銜或名稱。

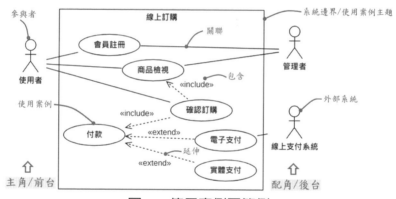

圖 1　使用案例圖範例

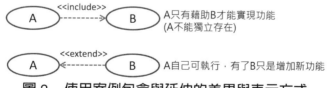

圖 2　使用案例包含與延伸的差異與表示方式

圖 3　參與者和使用案例的一般化範例

5-5 使用案例設計原則(1)

　　使用案例（Use Case）是對系統行為的動態描述，它可以增進系統設計人員、開發人員與使用者的溝通，以及清楚地了解系統需求。此外，使用案例還可以分隔系統與外部實體的界限。使用案例是系統設計時，巨觀系統環境和內部元件的來源，提供後續視圖的設計。

　　軟體發展過程中通常使用情節（Scenario）來理解系統的需求和系統的作業。使用案例就是正式化、形式化獲取情節的技術，大部分使用案例可以在需求分析階段產生，但隨著工作的深入會發現更多的使用案例，屆時需要及時將新發現的使用案例加入到既有的使用案例集中。因此，使用案例集中的每個用案例都是一個潛在的需求。

対系統需求細部化的過程，需要用互動圖（Interaction diagram）或活動圖（Activity diagram）來描述這些流程，因為只用一個循序圖來描述使用案例，通常是不夠的。例如，學生繳交學費的需求，在學務系統中，會有「繳費」使用案例。但是繳費可以用現金付帳，也可以用信用卡、轉帳、匯款的方式付帳，每一種方式執行的流程有很大的不同，因此需要使用不同的循序圖來描述。

一個使用案例實際是描述了一個序列集（sequence set）。序列集中的每一個序列描述了一個流程，這個流程代表了使用案例的一個延伸，每一個這樣的序列就被稱為一個情節（Scenario）。就像是拍攝劇情影片事前，為各個情境所準備的腳本一樣，情節是系統行為的一個特定動作序列。一個複雜系統通常使用多個使用案例來表達系統的行為，而每個使用案例可以使用多個循序圖、活動圖來詳細描述各個事件流程的情節。

　　使用案例是利用純文字，以敘述性的方式來描述參與者使用系統的互動操作過程，及滿足參與者使用系統的目的。在使用文字描述使用案例之前，可以搭配使用案例圖來表達參與者使用系統的目的、界定系統的範圍（system boundary）、找出系統參與者，以及系統所需擔負的責任。

　　如何找出系統的參與者，可以透過回答下述問題來幫助識別使用案例：

- 每個參與者的任務是什麼？
- 有參與者要建構、存儲、改變、刪除或讀取系統中的資訊嗎？
- 什麼使用案例會建構、存儲、改變、刪除或讀取這個資訊？
- 參與者需要通知系統外部的突然變化嗎？
- 需要通知參與者系統中正在發生的事情嗎？
- 什麼使用案例將支援和維護系統？

- 所有的功能需求都能被使用案例實現嗎？

還有一些針對整個系統的問題：

- 系統需要何種輸入輸出資訊？輸入資訊從何處來？輸出資訊到何處？
- 當前運行系統（也許只是一些人工作業，而不是電腦系統）的主要問題？

　　不同的設計者、不同的使用規模，設計使用案例的細微程度也會不同。要避免使用案例數目過多或過少，確定適當的使用案例數量實在是系統分析師的經驗累積。無論如何，好的使用案例應該遵循：「**每個使用案例能夠從頭至尾地描述一個完整的功能，且與參與者互動**」的基本原則。

　　例如圖 1. 所示的教學系統範例。其中，學生首先必須選課，然後註冊到所選擇的課程中，最後學生再依據選課付學分費。由於這 3 個過程是 1 個完整行為的 3 個部分，所以就適合一個「註冊課程」使用案例來描述。

　　又例如教務人員依據老師開課狀況，可以增加、修改或刪除課程。這種情況也是最好使用 1 個使用案例，如圖 2. 所示的「課程維護」。因為課程增、刪、改這 3 個功能過程都是由 1 個參與者「教務人員」執行，並且只涉及系統中的同一實體「課程」。

　　如果需要綁定彼此密切相關但不同的功能，例如圖 2. 教務人員需要處理老師的開課、維護課程資料、建立各級授課清單，也要負責學生的相關就學資訊，就可以依據各功能分別建立圖 2. 所示的 4 個使用案例。

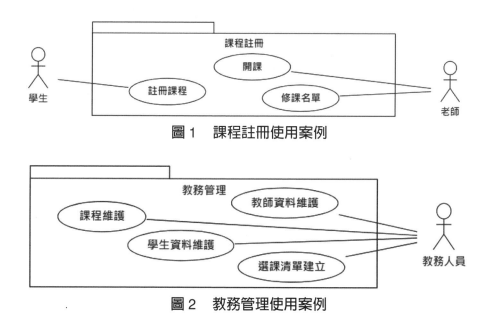

圖 1　課程註冊使用案例

圖 2　教務管理使用案例

5-6 使用案例設計原則(2)

　　使用案例描述了系統做什麼，不過並沒有規範怎麼做，只是表達參與者與使用案例間具有關係。因此在系統設計時，需要為使用案例圖加上結構化敘述的文字說明。或是，利用 UML 一些視圖代替文字說明來表達不同的情節，例如的互動圖和活動圖，不過視圖並不能完全取代文字說明。

　　需求分析時，可以採用事件（請參見第 6-7 與 6-8 節的介紹）流程來定義每一個使用案例的行為。使用案例的事件流程描述了完成使用案例之行為所需要的事件。在描述事件流程時，應該包括下列內容：

- 使用案例什麼時候開始、如何開始。
- 使用案例什麼時候結束、如何結束。
- 使用案例和參與者之間有什麼樣的互動關係。
- 使用案例需要什麼資料。
- 使用案例的主要事件順序是什麼。
- 替代或例外事件流程如何描述。

　　建立事件流程的文字說明，開始只是對執行使用案例主要流程所需事件的簡略描述（例如，使用案例提供什麼功能），隨著分析的深入，逐步添加更多的細節，最後再將例外流程的描述也加進來。

　　在描述使用案例的事件流程時，可以用正式的結構化文本，也可以用非正式的結構化文字描述，或是使用虛擬碼（pseudocode）。

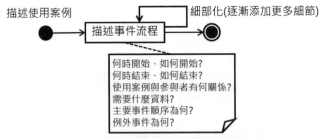

圖1　描述使用案例的過程示意圖

　　在描述使用案例時，可以為軟體專案自訂一個描述的範本，提供爾後系統分析設計時的遵循標準。描述時，可以先採用簡略或非正式的方式先描述使用案例，直到細部化後再採取完整方式描述。描述時可以針對每一個使用案例給予

編號，方便管理。完整方式可以具備下列項目[註1]：

- 名稱：使用案例的名稱
- 描述：簡要說明此使用案例的用途。
- 主要參與者：與系統互動的外部人員、單位或外部系統。
- 次要參與者：列出對使用案例後端的其他人員、單位或外部系統。
- 利害關係人與目標：與使用案例相關的利害關係人與所要達成的目標。
- 前置條件（Preconditions）：使用案例執行前的條件。
- 後置條件（Postconditions）：使用案例執行後達成的利益，例如傳遞給參與者的值。
- 觸發（trigger）：是情節的第一步，指定啟動使用案例的事件。例如：「使用者插入提款卡」、「客戶來電投訴」。請勿將此與前置條件混淆，前置條件是觸發事件之前參與者及其系統狀態的條件。
- 正常情節（normal scenario）：使用案例的每條執行路徑，也就是事件流程，都被定義為一個情節。正常情景為使用者最有可能遵循的路徑。
- 延伸（extensions）：包括失敗、異常等例外狀況，或實現正常情景的替代作業。
- 其他需求：補充說明，例如規則、設備等其他需要的事項。

另外針對參與者的描述，可以包括下列項目：

- 名稱：與使用案例圖上顯示完全相同的參與者名稱，名稱的第一個字母大寫。
- 別名：可以在應用程式中使用此參與者的其他名稱，主要是方便理解。
- 輸入資料：此參與者輸入的資料列表。
- 輸出資料：此參與者接收系統輸出的資料列表。
- 描述：簡要描述此參與者的一般目的或角色。
- 註解：任何有助於理解此參與者的補充資訊。

[註1]　Use Case Description. https://www.cs.fsu.edu/~baker/swe1/restricted/templates/UseCase DescriptionInstructions.html

5-7 使用案例之間的關係

使用案例之間除了以直線表達的關聯（association）關係，還可以存在著繼承的一般化（generalization）關係、包含（include）關係和擴充（extend）關係。

1. 一般化關係

和類別之間的一般化關係表達繼承的概念相同，使用案例間的一般化關係也是為了抽取出共通行為而表達的繼承概念。也就是說，子使用案例繼承父使用案例的行為，並新增或覆蓋父使用案例的行為。

使用案例之間一般化關係的表示與類別之間一般化關係的表示符號相同，使用一帶空心箭頭的實線表示，箭頭方向由子使用案例指向父使用案例。

如圖1.所示，負責檢驗使用者登入身分的「使用者驗證」使用案例，有「密碼驗證」和「IC卡驗證」兩個子使用案例，這兩個子使用案例都是檢驗使用者身分的方式，但各別再增加新的行為。

2. 包含關係

如果多個使用案例都具有一些相同的功能，就可以將這些共用的功能放在獨立的一個使用案例中，其他使用案例就可以透過包含（Include）關係使用此功能。

在UML中，包含關係使用 <<include>> 造型及虛線箭頭的依賴關係表示。使用案例之間的包含關係，表示使用案例的完整功能必須包含另一個使用案例的行為。被包含的使用案例是不能獨立存在的，只是作為包含它的使用案例之一部分。

如圖2.所示，「帳號資訊驗證」使用案例不能獨立運作，只是做為「網頁登入」、「IC卡登入」兩個基礎使用案例的一部分必要功能；反之，「網頁登入」、「IC卡登入」也必須要依賴「帳號資訊驗證」使用案例，才能完備整個運作，缺少「帳號資訊驗證」使用案例，就無法實現使用者登入的驗證功能。

3. 延伸關係

延伸關係使用 <<extend>> 造型及虛線箭頭的依賴關係，表示可選擇性的功能，只在特定條件下才需要運行的行為。使用案例間的擴充關係，表示基礎使用案例在指定的擴充點，隱性地包含另一個使用案例的行為。基礎使用案例可以獨立運行，在特定條件下，行為可以被另一個延伸的使用案例所擴充。

> 一般化關係：表示子使用案例繼承而具備父使用案例的行為；
> 包含關係：基礎與被包含的使用案例不可獨立存在，表達顯性的依賴關係；
> 延伸關係：基礎使用案例可獨立運行，延伸的使用案例表示只在特定條件下才需要運行的行為，表達隱性的依賴關係。

　　延伸關係用來描述特定情況的使用案例部分，該使用案例部分被視為選擇性的系統行為，這樣就將選擇性行為（延伸：必要時才使用）與義務行為（包含：必要的共用功能）區分開來。

　　例如，圖 3. 所示，如果透過網頁登入，可以透過延伸關係，依需要擴充使用「建立新帳號」或「忘記密碼」的使用案例。

　　要特別注意的是，包含的依賴關係符號箭頭是由被包含的使用案例指向基礎使用案例；延伸的依賴關係符號箭頭則是由基礎使用案例指向被延伸的使用案例。

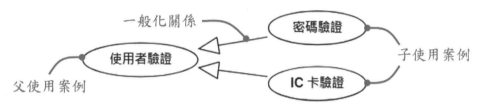

圖 1　使用案例的一般化關係

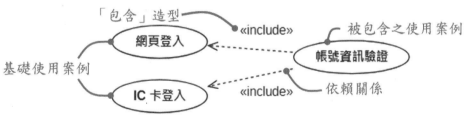

圖 2　使用案例的包含關係

圖 3　使用案例的延伸關係

5-8 類別圖

類別、物件，以及兩者之間的關係是物件導向技術中最基本的元素。因此，表達類別與類別之間關係的類別圖是相當重要、使用率也很高的視圖。除了可以用來表達物件導向程式的類別，包括資料庫的表格，也是使用類別圖來表示。使用類別圖的好處：

(1) 表達套件中所有實作的類別。

(2) 呈現各個類別的結構和行為。

(3) 了解類別的繼承關係。

類別圖的組成包括：類別、介面、合作（Collaboration）以及它們之間的關係（依賴關係、一般化關係、實現關係、關聯關係等），共 4 個部分。類別圖用來為系統的靜態設計視覺化塑模，並且是其他視圖定義的基礎。

如圖 1. 所示，類別 Class1 與類別 Class2 之間存在著一般化關係，類 Class1 是類別 Class2 的子類別；類別 Class1 與類 Class3 之間存在著聚合關係，表達類別 Class3 是類別 Class1 的下層元素；類別 Class1 與類別 Class4 之間存在著關聯關係；類別 Class4 實現了介面 Interface1；合作 Collaboration1 則是依賴於類別 Class1。

類別之間可以標示彼此關係的角色、數集與必備（Cardinality and Modality）關係，也可以如同其他視圖一樣，含有註釋和限制。此外，類別圖中還可以包含套件或子系統，將模型內的元素分組。

如圖 2. 所示學校系所與學生的類別圖範例中，學校 School 與系所 Department 類別之間是組合關係，學校 School 和學生 Student 類別之間是聚合關係。組合關係表示 School 與 Department 之間具有相同生命週期，如果 School 不存在時，則 Department 也會不存在。聚合關係表示 School 與 Student 具備不同生命週期，若 School 不存在時，Student 仍可存在（設計的理念是：如果學校退場了，學生可以轉校，總不能就此刪掉還在學學生的學籍）。數集與必備關係表達一個 School 可以有一個以上（1..*）的 Department；一個 School 也會擁有一個以上的 Student；一個 Department 擁有一個 Office，但反之，一個 Office 可以關係零個以上（0..*）的 Department（設計的理念是：系所一定有一間辦公室，但辦公室可能並不是給系所使用，或是同時提供多個系所共同辦公，視圖的結構沒有一定，完全依據系統分析與設計的結果）。

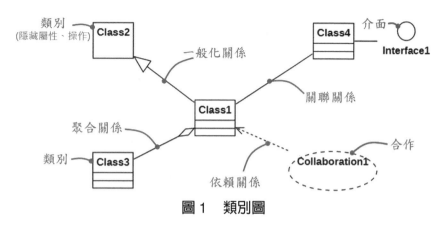

圖 1　類別圖

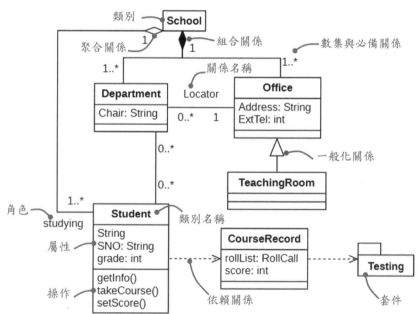

圖 2　學校系所與學生的類別圖範例

5-9 類別圖的內涵程度

類別圖的表達可以分成概念層、說明層與實現層 3 個層次[註2]：

1. 概念層

概念層（Conceptual）的類別圖主要在於描述問題領域中的概念。類別可以從問題域的概念中得出，但兩者並沒有直接的對應的關係。事實上，一個概念層的模型應獨立於實際使用的軟體和程式語言。

2. 規格層

規格層（Specification）的類別圖描述了軟體的介面部分，而沒有描述軟體的實作部分。物件導向的開發方法非常重視區分介面與實作，但是多數物件導向程式語言中類別的概念是將介面與實作整合在一起，因此實際應用中常會忽略這一差異。

3. 實現層

只有在實作層（Implementation）才有完整類別的概念，並且涵蓋了軟體的實作部分。實現層的類別圖應該是多數人最常使用的類別圖形式。

雖然，理解上述層次對於繪製類別圖和讀懂類別圖都有其重要的作用。不過，各層次之間沒有清晰的界限，所以多數系統分析師（System Analyst，SA）不會對其加以區分。對塑模而言，需要從一個清晰的層次觀念出發；而解讀視圖時，必須先弄清楚類別圖是依據哪一種層次的概念而繪製的。

如果上述描述，對於具體的做法仍舊模糊，可以簡單將三個層次依據系統分析與設計的程序，分成下列兩個階段：

1. 分析階段

類別圖描述了問題領域中的概念，重點在於透過使用者案例找出概念類別，並定義出概念類別的特徵，也就是屬性，以及類別之間的關係。分析階段的類別圖並不強制包含操作，通常稱為「初步類別圖」。

2. 設計階段

類別圖描述了類別與類別之間的介面，結合內聚（Cohesion）與耦合（Coupling）的分析，更具體地描述類別。加入操作和標示類別成員的可視度

[註2] Cook, S., & Daniels, J. (1994). *Designing object systems* (Vol. 135). Englewood Cliffs, NJ: Prentice Hall.

（visibility）、資料型態等，以及類別之間的相依關係。設計階段的類別圖，具備完整系統組成的元件，並能夠提供程式設計師撰寫程式碼的依據，通常稱為「設計類別圖」。

　　分析階段的初步類別圖與設計階段的設計類別圖差異請參見表 1. 所列，理解上述的差異，就可重新調整並繪製設計階段的設計類別圖。最後，可以使用一般文字描述，或使用虛擬碼（pseudocode）描述每一操作的演算法。

> 虛擬碼（pseudocode）又稱為偽代碼，不是一種現實存在的程式語言，而是為了將整個演算法執行過程的結構，使用接近自然語言的形式描述出來。

表 1　分析與設計階段之類別圖比較

	初步類別圖	設計類別圖
屬性	只標示屬性名稱。	依據屬性宣告的語法，完整標示屬性，包括可視度與資料型態。 （屬性宣告的語法請參見 4-4 節「類別」的說明）
操作	無。	經由系統分析時循序圖的繪製過程，得出類別具備的操作，並加入可視度
關係	以直線的關聯關係表示類別之間的關係。 強調目的類別與來源類別之間的數集與必備關係。	以具備方向性（directed）帶箭號的關聯關係表示。 增加角色名稱、去除關聯名稱、表現目的類別的數集與必備關係、省略來源類別的數集與必備關係。 相依關係加上造型（stereotype）標示。

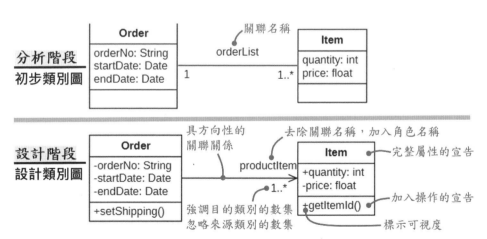

圖 1　分析階段與設計階段類別圖內涵的差異

5-10 類別圖的應用

類別圖描述了系統靜態的設計觀點,常見的應用可以包含下列 3 項:

1. 為系統的詞彙表塑模

UML 的詞彙表(glossary)是由:事物、關係和圖形所組成。類別圖可以模擬系統確定哪些抽象是系統的一部分,哪些抽象不在系統的邊界內。透過類別圖定義這些抽象與其責任(responsibility)。

2. 為子系統的塑模

類別圖以一次聚焦於一個合作(cooperation)的方式,為構成系統設計觀點的部分元素和關係塑模。合作的塑模應完成的內容包括:
(1) 確定要被模擬的部分系統功能和行為,這些功能和行為是由類別、介面等元素互動所產生。
(2) 確定參與的類別、介面和其他的子系統,並確定彼此關係。
(3) 根據合作的情節,找出是否有模型疏漏部分或語意錯誤。
(4) 確定物件的屬性和操作。

如圖 1. 所示的類別圖,僅聚焦於某一校務註冊管理系統與外部銀行系統匯款繳交學費的行為。

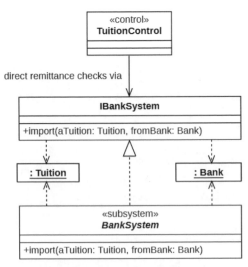

圖 1　使用類別圖模擬表達系統的一部分功能

3. 為資料庫模式塑模

資料庫模型是資料庫設計的藍圖。資料庫表格的特徵與類別相似，每一表格的欄位，如同類別屬性，用於儲存資料；而表格的限制（constraint），例如限制欄位資料的長度、數字內容的範圍、輸入的檢查，以及預設值等，如同類別的操作。因此，資料正規化之後，可以使類別圖來為資料庫塑模，描述資料庫模型的綱要（schema）。

> 資料庫綱要：資料庫表格結構，以及表格之間的關聯關係。資料庫綱要描述資料庫模型的整體概觀。

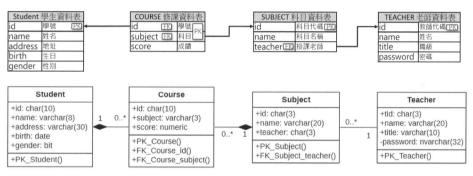

圖2　使用類別圖描述資料庫綱要

如圖 2. 所示，應用類別圖描述學生修課與老師授課之間資料庫模型的綱要。依據圖示表達，建立資料庫實體表格的 SQL 宣告，可以如下所示：

```
create table Student                  create table  SUBJECT
    (id char(10) primary key,             (id char(3) primary key,
     name varchar(8),                      name varchar(20),
     address varchar(30),                  teacher char(3) not null,
     birth date,                           foreign key (teacher) references Teacher(id));
     gender bit);
                                      create table Course
create table Teacher                      (id char(10) not null,
    (id char(3) primary key,              subject char(3) not null,
     name varchar(20),                     score numeric(3),
     title varchar(10));                   primary key (id, subject),
                                           foreign key (id) references Student (id),
                                           foreign key (subject) references Subject (id));
```

5-11 物件圖

在物件導向程式語言中，類別定義一件事物的抽象特點，而物件是類別的實例（Instance），物件之間的連結（link）是類別之間關聯關係的實例。因此，物件圖（Object Diagram）可以看做是類別圖的一個實例，用來描述類別圖裡面的事物實例。

基於物件是類別的實例，所以物件圖通常用來輔助一個複雜的類別圖，透過物件圖反映運作的實例，也能表達物件之間的關係。此外，物件圖也可以用在互動圖中，作爲其中一個組成部分，反映一組物件之間的動態合作關係。

1. 定義

物件圖（Object Diagram）用來描述系統在某一時間點的一組物件及物件之間的關係，它是爲處在某一時空當下的系統塑模，描繪系統的物件、物件的狀態，以及物件之間的關係。如圖1.所示，物件圖主要用來爲物件結構塑模，因此，物件圖主要的元素包括物件和連結（link），每個物件的圖形爲矩形，名稱下帶有底線。只要意思清楚，類別或物件的名稱在物件圖內可以被省略。

和其他的視圖一樣，物件圖中可以有註釋和限制，也可以有套件或子系統。透過套件或子系統，可以將模型元素分組，封裝成比較大的模組。也可以依需要，將類別放在物件圖內，例如需要視覺化地表達物件圖內某一個物件背後的類別結構。

2. 塑模技巧

建構物件圖時，針對設計的目標，擷取系統裡一組相關的抽象事物，並組合成一個群組。然後在此上下文（context）內，展現出這些抽象事物的語意和群組中其他抽象事物的關係。例如，類別A與類別B之間有一對多關係時，則A的某一個物件就可能對上多個B的物件，A的另一個物件，又會對上B的數個物件，不同時間點A對應B的物件數量是不相同的。所以，物件圖就是假設將系統運行暫停在某一個時間點上（或是假設在某一時間點上），類別A的物件與相關的類別B的物件，在其屬性和狀態機上可能具備的某些特定值。

透過物件圖以視覺化、規格化、結構化和文件化的方式來表達系統內這些物件的狀態與結構，對於呈現複雜系統的資料結構是非常好的方式。不過，因爲一個物件圖只能顯示一組物件之間的關係，所以物件圖無法完整訂出系統裡所有物件的結構。塑模時應該要注意下列事項：

(1) 確定要塑模的機制（mechanism），機制可以將系統內所要塑模的一部份功能或行爲呈現出來。這些功能或行爲是由某一組類別、介面或其他事物之間互動所產生的結果。

(2) 針對每個機制，確定參與合作的類別、介面和其他元素，以及確定事物之間的關係。

(3) 考慮依據這種機制的一個情節，在特定一時間點，呈現出參與該機制的每個物件。

(4) 根據需要呈現出每個此類別之物件的狀態和屬性值，以了解情節。

(5) 呈現這些物件之間的連結，重新定義它們之間的關聯實例。

　如圖 2. 所示爲物件結構塑模的物件圖。左下角的 univ 是類別 School 的物件，且與物件 ics、im、csie、cs 等物件連結。其中，ics、im、csie、cs 都是類別 Department 的物件，因此具備相同的屬性，但是各別具有不同的屬性值。

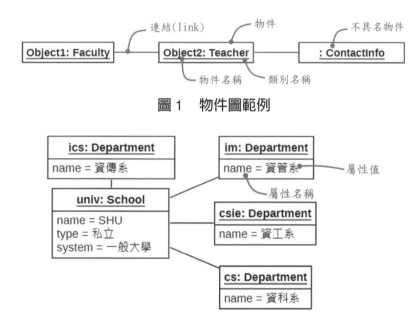

圖 1　物件圖範例

圖 2　描述學校與系所關係的物件圖範例

5-12 套件圖

1.定義

套件（package）的作用是對模型的分類器進行分組，不僅方便分門別類地管理，也可以使 UML 的視圖更簡單、更容易理解。套件可用在任何 UML 的視圖中，多數是使用在使用案例圖和類別圖中。而套件圖（Package Diagram）則是用來描述了套件及套件之間的關係。如圖 1. 所示，如果系統很複雜，也可以將子套件放置在母套件的下層，或是分開用多個套件圖來描述。

> 分類器（classifier）：具有相似結構特徵（包括屬性和關聯）和相似行為特徵（包括操作和方法）的一組模型元素。詳細說明請參見 3-3「UML 的組成」的介紹。

如圖 2. 所示，套件圖內的套件，使用虛線箭頭的依賴（dependency）關係或使用包含（containment）關係，表達彼此間的關聯。基於類別可視度的關係，可以使用造型表示不同類型的依賴關係。

套件用於依賴關係的造型包括下列 4 種：

(1) 合併 <<merge>> 造型：定義來源套件中的元素與目標套件（依賴關係箭頭所指的套件）中具有相同名稱的元素之間的隱式一般化（繼承關係）。來源元素的定義被擴展包含目標元素內的定義。

(2) 使用 <<use>> 造型：來源套件中的元素以某種方式使用目標套件中的公共元素。如果沒有指定造型，則預設為 <<use>>。

(3) 公用匯入 <<import>> 造型：指示目標套件中的元素從來源套件中引用時，使用非限定的名稱。來源套件的命名空間可以存取目標類別。

(4) 私用匯入 <<access>> 造型：將目標套件名稱空間的公共元素作為私有元素添加到來源套件的名稱空間。

2.應用

儘管套件圖可對任何類型的 UML 分類器進行分組，但一般主要是用於類別或使用案例的分類。

(1)類別套件圖

一個套件圖是由類別圖來表示，稱之為「類別套件圖」。在用套件對類別進行分組時，可以遵循下列 3 個參考原則：

a.將具有繼承關係的類別分組在同一個套件裡。

b.將具有組合關係的類別分組在同一個套件裡。

c.將合作較多的類別分組在同一個套件裡。類別之間的合作可由循序圖或溝通圖中看出。

(2)使用案例套件圖

套件對使用案例進行分組時，可以遵循 1 個參考原則：將具備 <<include>> 包含關係或 <<extend>> 擴充關係的使用案例放在一個套件內。

在考慮是否應該用套件對視圖中的塑模分類器進行分組時，可以參考下列 2 個原則：

(1) Lucky Seven：也就是一個圖內的元素最好是在 7 個上下，通常是 5~9 個。如果元素太多，就會變得比較難以閱讀理解。所以太多元素時就可以考慮使用套件分組打包。

(2) 分類原則：套件應該是具備高內聚（cohesion），也就是套件中的元素應該是相關的。可以用「套件命名」的方式，判斷套件內元素的內聚。如果可以用一個簡短的、描述性的名字來命名套件，而該名字很貼切地涵蓋套件內各元素的功用？如果不行，那就表示套件包含了一些不相關的元素。

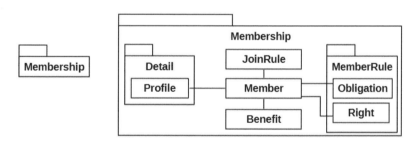

圖 1　套件包含子套件

圖 2　套件圖範例

（圖形來源：https://www.uml-diagrams.org/package-diagrams-overview.html）

5-13 循序圖

　　循序圖（Sequence diagram）和溝通圖（Communication diagram），加上 UML 2.5 新增的時序圖（Timing diagram）、互動概觀圖（Interaction Overview diagram），總稱為互動圖（Interaction diagram），這些視圖為系統的動態塑模。互動圖描述了參加者（Participant）之間交互的互動作用，參加者由參與者（actor）、物件、物件之間的關係組成，並包含了物件之間傳遞的訊息。互動圖主要的組成元素包括：物件、連接與訊息。和其他的圖一樣，互動圖中也可以有註釋和限制。

> participant 和 actor 在許多文獻，包括國家教育研究院學術詞彙的中文名稱，都譯為「參與者」，為避免混淆，本書將 participant 譯為參加者，以便和 actor 的中譯名稱區隔。

　　循序圖強調了訊息的時間順序，適合於描述即時系統和複雜的情節；溝通圖則是著重物件之間運作的關係。循序圖和溝通圖以不同的方式表達了類似的資訊，具備相同的語意，是一體兩面的視圖，可以相互轉換而不會漏失資訊。

　　循序圖具備兩個軸：水平表示不同的物件；垂直表示時間。循序圖中的物件用一個帶有垂直虛線的矩形框表示。依據物件的圖形規範，可以只標物件名稱或只標示類別名稱，也可以都標出。垂直虛線是物件的生命線（Lifeline），用於表示在某段時間內物件的存在。物件之間使用生命線間的訊息來溝通。

1. 使用時機

　　循序圖通常有兩種使用時機，分別是系統分析時的**系統循序圖**；系統設計時的**循序圖**。

(1) **系統循序圖**：主要強調整個系統運作，強調外部環境與系統的關係描述，因此只僅於外部環境與系統的互動部分，不含系統內部物件之間互動的描述。

(2) **循序圖**：用來表示系統內部物件之間如何互動以完成工作。這些互動的訊息是以物件的操作表現出來。

2. 繪製順序與規則

　　繪製循序圖時可參考下列順序與規則：

(1) 先繪製一框架（Frame）代表循序圖的邊界範圍，並可以做為循序圖的名稱。如果是系統循序圖，通常可以省略框架。也就是圖 1. 中最外圍左上角的五角形方框，並在其內標示名稱。

框架的「sd」最初是 sequence diagram 的縮寫。不過框架也可以使用在任何圖內，因為它充當「範圍」的容器，未來可能會避免誤解而取消「sd」一詞[註3]。

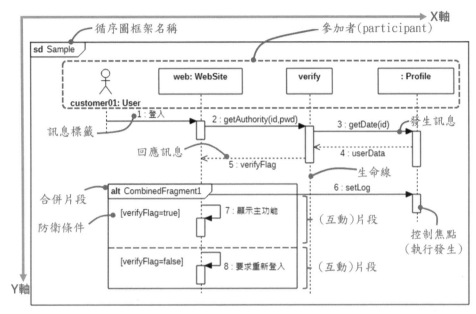

圖 1　循序圖範例

(2) 將參與互動的參加者（可以是代表人或外部系統的參與者，或是某一物件）依 X 軸放在圖的頂端，並將最先啟動互動的物件放在左邊，從屬的物件逐一放在右邊。如果是系統循序圖，最左方的一定是代表人或外部系統的參與者（actor）。

(3) 將這些物件發送和接收的訊息按照時間增加的順序沿著 Y 軸由上而下放置。訊息的線條符號必須遵守如圖 2. 所示的使用時機。

[註3]　Duc, B. M. (Ed.). (2007). *Real-time object uniform design methodology with UML*. Springer. p.176.

一般的發生訊息（Message）：實心箭頭的實線。

非同步的發生訊息（Async Message）：箭頭實線。

建立物件的訊息（Create Message）：箭頭虛線。

回應訊息（Reply Message）：箭頭虛線（方向由右向左）。

圖2　循序圖訊息圖示類型

　　如圖 3. 所示，物件 2 建構物件 3，訊息使用的是虛線箭頭，並使用 <<create>> 造型標示。很重要的是，被建構的物件 3 位置一定要低於來源物件 2。解構物件時，訊息使用一般訊息的實心箭頭的實線，並使用 <<destory>> 造型標示，被解構的物件會在生命線末端標示 X。

　　循序圖中的訊息可以是訊號（signal）、呼叫執行的操作。當接收物件收到訊息時，就會啟動物件執行活動，稱為執行發生（Execution Occurrence），以物件生命線上的一個細長矩形框表示啟動的執行發生。

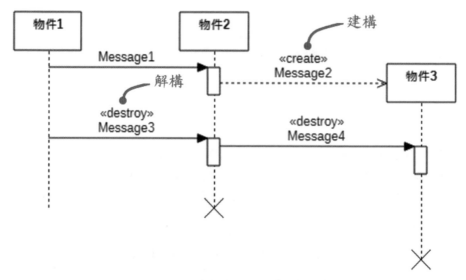

圖3　循序圖建構及解構物件的圖形

　　如果來源或目標有一方是參與者（actor），訊息是以描述執行的簡要文句當標籤。當訊息的來源和目標為物件或類別時，標籤就是回應訊息時所呼叫執行的操作名稱；回應訊息通常是執行操作的回傳值，如果沒有特別明確的作用，通常會省略回應訊息。

　　訊息標籤可以標示序號，但通常也會省略，因為實線箭頭的位置已經表明了相對的時間順序。如圖 4. 所示，使用 starUML 工具軟體繪製循序圖時，其編輯區如果 showSequenceNumber 屬性沒有勾選，表示不顯示序號。

　　循序圖的左邊可以有說明資訊，用於說明訊息發送的時刻，描述動作的執行情況以及限制等。例如，可以用說明資訊來定義兩個訊息間的時間限制。

(4) 依據執行流程所需的條件、並存、迴圈等需求，加入控制的合併片段（combined fragment）。

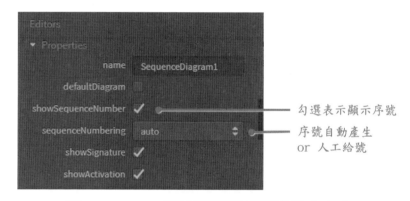

圖 4　starUML 工具軟體訊息編號的設定方式

5-14 循序圖的合併片段

循序圖的合併片段是依據定義的互動運算子（interaction operator）表達執行的互動片段（interaction fragment，簡稱片段）模式，也就是互動的操作區域。合併片段使用一矩形表示區域，互動的運算子在循序圖中用帶有切角的矩形區域來表示，標記文字則表示該運算子運作的類型。互動運算子在 UML 2.4 之前原本也稱爲防衛條件（guard），在 UML 2.4 之後則是判斷條件才稱爲 guard。如表 1. 所示，合併片段的互動運算子共有 12 種類型。

表1 合併片段的互動運算子類型

操作子	全稱	作用
alt	alternatives	替代。如同 if... else 或 switch 的作用。
opt	option	可選。如同 if 的作用。要嘛執行，要嘛不執行，只能二擇一。
loop	iteration	迴圈。
break	break	中斷。標示流程中斷時該執行的片段。
par	parallel	平行處理。
strict	strict sequencing	強順序。每個片段必須依指定的順序執行。
seq	weak sequencing	弱順序。有兩個或更多片段。涉及同一生命線的訊息必須依片段的順序發生。如果訊息涉及的生命線不同，來自不同片段的訊息允許並行交錯執行。
critical	critical region	關鍵。執行此片段期間，不允許混雜執行其他訊息。
ignore	ignore{m1,m2...}	依據指定忽略 m1, m2, ... 片段的執行。
consider	consider{m1,m2...}	除執行指定的 m1, m2, ... 外，忽略其他片段的執行。
assert	assertion	宣告。指定的序列是唯一有效的延續（必須通過正確的系統設計來滿足）。通常用在 consider 或 ignore 的片段中。
neg	negative	否定。標示出不合法、被否定的互動片段。通常用在 consider 或 ignore 的片段中。

使用 starUML 工具增加合併片段與內部之互動片段的方式，首先先在工具軟體左下方的 Toolbox 選擇要加入的 combined，置放在循序圖中的適當位置後。如圖 1. 所示：

(1) 滑鼠左鍵選點合併片段圖形，可於工具軟體右下方的 Editors 編輯區設定此合併片段的互動運算子類型；

(2) 若互動運算子類型具備允許多個互動片段，則滑鼠左鍵雙擊合併片段名稱

處，如圖 2. 所示，選點「add Operand」增加互動片段。

(3) 滑鼠左鍵選點合併片段圖形內的互動片段，可於工具軟體右下方的 Editors
編輯區設定此互動片段的防衛條件。

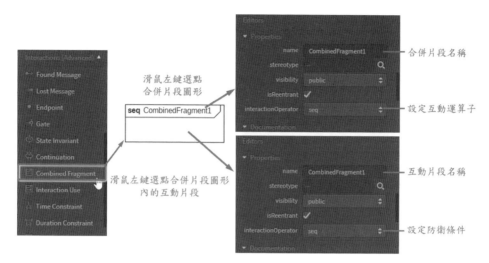

圖1　starUML 工具軟體設定合併片段的運算子類型及防衛條件方式

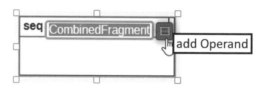

圖2　starUML 工具軟體增加合併片段之互動片段設定方式

5-15 循序圖常用的互動運算子

前一節介紹合併片段互動運算子的 12 種類型，本節將其中最常用的 alt、opt、loop、par 四種類型，藉由防衛條件的布林運算式（Boolean Expression）判斷而執行對應的互動片段，做更詳細的說明：

1. alt：條件執行（Alternative Execution）

如圖 1. 所示，條件執行部分由水準的虛線分割為多個子區域，稱為互動片段（interaction fragment），每個互動片段都有一個防衛條件，代表一個條件的分支。只有當防衛條件成立時，相應的互動片段才被執行，且每次最多只能有一個條件分支被執行。如果沒有任何成立，就沒有條件分支被執行。

2. opt：可選執行（Optional Execution）

當防衛條件成立（判斷為「真」）時，可選執行的片段才被執行，等同於程式語言不具備 else 的 if 判斷。如圖 2. 所示，當 payment = true 為真時，就執行 loop 迴圈內的活動。

3. loop：迴圈執行（Loop/Iterative Execution）

在每次迴圈之前，若防衛條件成立，被重複執行迴圈內的片段；若不成立時，就結束迴圈的執行。如圖 3. 所示結合 loop 與 alt 的範例。loop 的防衛條件為處理每一課程（for each course），表示每一課程都會執行其互動片段內的 alt 片段。在 alt 片段內再依據 alt 的防衛條件判斷執行對應的活動。

4. par：平行執行（Parallel Execution）

平行執行也由水準的虛線分割為多個子區域，每個子區域代表一個平行分支。平行執行的所有分支是同步執行的（同步不代表同時，而是分支的執行沒有一定的順序，各個分支的執行順序是任意的）。這些分支之間是互相獨立的，彼此間沒有交互作用。當所有的分支都執行完後，即結束平行執行片段的執行。

如圖 4. 所示的分散式檢索範例，在主畫面的 Object1 物件輸入查詢的關鍵字，系統經由 Object 2 平行向各搜尋引擎進行檢索。

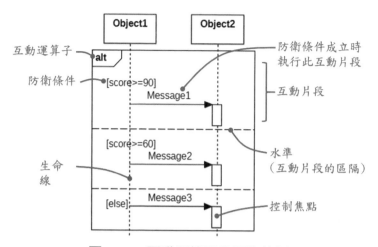

圖 1 alt 互動運算子的運作範例

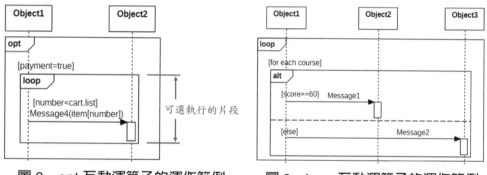

圖 2 opt 互動運算子的運作範例　　　圖 3 loop 互動運算子的運作範例

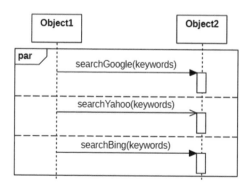

圖 4 par 互動運算子的運作範例

5-16 溝通圖

溝通圖（Communication diagram），原稱為合作圖（Collaboration diagram），UML 2.0 版之後更名為溝通圖。強調物件之間參與互動的關係。如圖 1. 所示，繪製溝通圖時，首先將參與互動的物件放在圖中，然後連接這些物件，並用物件發送和接收的訊息來說明這些連接。溝通圖沒有時間維度，所以訊息先後的時間順序必須使用序號表示。

溝通圖的描述提供兩種資訊：

(1) 上下文（context）：對物件之間互動的靜態結構描述，包括相關物件的關係、屬性和操作；

(2) 互動（interaction）：為完成工作，而在物件間交換訊息的時間順序描述。

物件是類別的實例，物件連接的關係等於是類別圖中類別之間關係的實例，透過物件之間的連接標記訊息來表達物件之間的訊息傳遞，即描述了物件之間的互動。溝通圖和循序圖比較，有下列區別：

1. 溝通圖的特點

(1) 具備路徑（path）

為了表示一個物件與另一個物件如何連接，可以在被連接的目的端加上一個路徑的造型，常用的為 <<local>>、<<parameter>>、<<global>> 以及 <<self>> 等路徑造型。

(2) 擁有序號（sequence number）

為了表示訊息的時間順序，可以在訊息前方標註（從 1 起始的）序號，新的控制流程則依序遞增序號。如果需要表示巢狀訊息，可以用細分的編號方式（"1" 表示第 1 個訊息，"1.1" 表示訊息 "1" 巢狀內的第 1 個訊息，"1.2" 表示訊息 "1" 中巢狀的第 2 個訊息，餘此類推），且巢狀的深度沒有限制。在同一個連線上，可以有多個訊息，但每個訊息只有一個唯一性的序號。

> starUML 工具軟體預設會自動給序號，如果需要使用細分編號，請取消框架的 showSequenceNumber 屬性的勾選，並自行在各訊息的 sequenceNumber 屬性欄位內自行輸入序號。

而循序圖中訊息從上到下的排序已經表明了訊息的順序，所以序號可以省略不顯示。

2. 循序圖的特點

(1) 物件具備生命線（lifeline）

物件生命線是垂直的虛線，代表了物件存在一段時間。出現在互動圖中的大部分物件都在整個互動期間存在，所以將這些物件排列在圖的頂端，並將物件的生命線從圖的頂端畫到圖的底端。物件也可以在互動的過程中被建構和解構。

(2) 生命線擁有控制焦點（focus of control）：

控制焦點是細長的矩形，它表示物件透過訊息執行一個動作的時間範圍。

如圖 1. 所示，溝通圖中，使用直線的連接符號表示物件間的各種關係；訊息的箭頭指示訊息的流動方向；訊息字串包括訊息的序號、要發送的訊息、訊息傳遞的參數與訊息的回傳值等資訊。圖 2. 是與圖 1. 完全相同語意的循序圖，可以兩相對照，了解溝通圖與循序圖表達物件在系統運行中的關係。

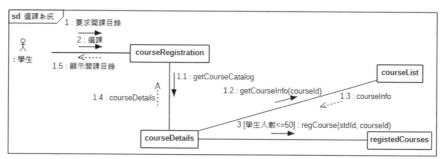

圖 1 以選課為例的溝通圖範例

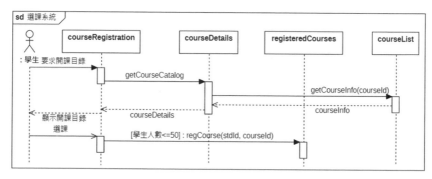

圖 2 以選課為例的循序圖範例

雖然循序圖與溝通圖具備相同的語意，是一體兩面的圖，不過 starUML 工具軟體並未提供兩圖互轉的功能。

5-17 時序圖

時序圖（Timing diagram）是 UML 用來解釋時間的互動圖形，類似時序信號的表示方式，表達物件參與互動的時間軸。時序圖著重在時間軸中，沿直線之生命線的條件變化，強調在模擬條件之下，生命線事件引起變化的時間。

1. 生命線（Lifeline）

生命線代表互動中的參與者，且只代表只一個互動的物件。時序圖上的生命線由分類器的名稱或它所代表的範圍表示。時序圖和循序圖的生命線表達的概念類似，時序圖的生命線如同活動圖，是以泳道（swimlane）的方框，而循序圖的生命線則是虛線，都是表示物件在某段時間內的存在。

2. 狀態或條件（State/Condition）

時序圖可以顯示參與分類或屬性狀態，或一些測試的條件，如圖 1. 中WebServer 類別的物件，具備 3 個狀態：回應、處理與等待。在時序圖中都是以「狀態 / 條件」配合時間段表示，其運作的時間點與狀態改變的關係。

UML 允許狀態 / 條件的維度是連續的，可以用於實體經歷連續狀態變化的情況，例如溫度或密度的變動。

3. 期間限制（Duration constraint）

期間限制表達一個持續時間間隔的區間作為約束。期間的時間間隔是用於確定限制是否滿足的持續時間。如果限制不成立，就表示「**系統的運作是不合格的**」。期間限制語義是從限制繼承的，所以其符號使用大括號標示時間的最小值與最大值作為起訖區間。

例如要表示考試時，拿到考卷後作答到繳卷期間限制必須在 20 分鐘到 100分鐘之間，則可以表示為如圖 2. 所示。

4. 時間限制（Time constraint）

時間限制是指一個時間間隔的區間約束。時間間隔是用來判斷限制是否滿足滿足的時間運算式。如果限制不成立，就表示「**系統的運作是不合格的**」。時間限制被顯示為一個時間間隔和它所限制的結構之間的圖形關聯，使用大括號以及一條直接關聯到時間限制的狀態 / 條件的訊息。

例如要表示某一科目上課到下課時間是在早上 10:10 到中午 12:00，則可以使用時間限表示為如圖 3. 所示。

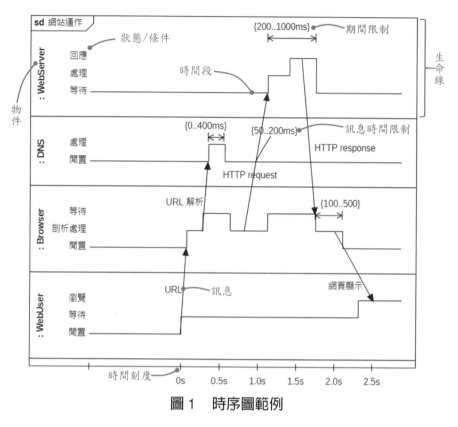

圖 1　時序圖範例

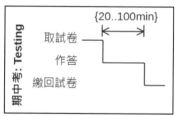

圖 2　時序圖期間限制的表示方式

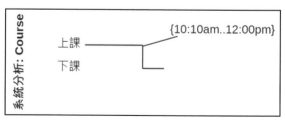

圖 3　時序圖時間限制的表示方式

5-18 互動概觀圖

　　互動概觀圖（Interaction overview diagram）是在活動圖（Activity diagram）的基礎上，使用包含互動圖的節點來描繪控制流程。也就是說，互動概觀圖實際就是活動圖，只是將活動圖內的動作，改爲互動圖來呈現。因此，互動概觀圖可以描述高階的控制流程，以及流程之間的互動。常用來描述使用案例的正常流程與替代流程之間的關係，作爲系統內部的活動圖。

　　互動概觀圖表達的語意類似於活動圖，兩者都是將一系列活動圖形化。不同之處在於，互動概觀圖，將每個單獨的活動都被描繪成一個框架（frame），使用框架代替元素，在該框架內可以包含一個內嵌的互動圖。框架之間以「控制流程」連接。

1. 構成

　　如圖 1. 所示，互動概觀圖著重於節點的框架符號爲 ref 的 " 互動使用 "，或框架符號爲 sd 的 " 互動 " 之控制流程概觀。

(1) ref 互動使用框架：表示互動的使用，如同觸發動作，只需在框內標明引用的互動圖名稱或使用目標。

(2) sd 互動框架：也稱爲內建互動（Inline interaction）或互動元素（Interaction element），使用內嵌一個互動圖來表達一個活動，代表具體的互動流程。

　　如圖 2. 所示的互動概觀圖範例，使用的符號元素與活動圖和循序圖相同，包括初始、最終、決策、合併、分叉和加入等節點。

2. 繪圖原則

　　互動概觀圖塑模的步驟，可參考下列基本原則：

(1) 依據系統之商務程序（Business Process，也就是具備特定領域知識的作業流程），確定互動概觀圖中需要涵蓋的重要互動之控制流程。

(2) 確定作爲主線的互動圖以及更具體化的互動圖。

(3) 確定主線互動圖的主要節點，考量複雜度和重要性決定哪些節點需要進一步具體化細部。

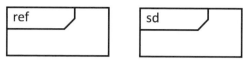

圖 1　互動概觀圖兩種框架類型

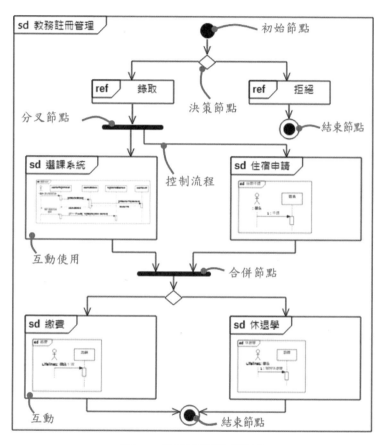

圖 2　互動概觀圖範例

5-19 活動圖

活動圖（Activity diagram）是 UML 為系統動態方面建模的 7 個視圖之一。活動圖如同於傳統的流程圖，但不僅描述從活動到活動之間的流程，還針對物件導向與事件驅動的特性，增加許多傳統流程圖無法表達的流程。

1. 比較

(1) 活動圖與互動圖比較：活動圖強調從活動到活動的控制流程，著重於物件活動之控制流程的傳遞；而互動圖則是強調從物件到物件的控制流程，著重於物件活動的訊息傳遞；

(2) 活動圖與狀態機圖比較：活動圖中，一個活動結束後將自動進入下一個活動；而在狀態機圖中，狀態的改變可能需要事件的觸發。

2. 內容

活動圖可以單獨使用，也可以將包括名稱和視圖內容等一般性質，投射到模型中的其他視圖內，與其他視圖分享。活動圖實際是一種特殊的狀態機，在該狀態機中，大部分的狀態都是活動狀態，大部分的移轉都是由來源狀態活動觸發的。由於活動圖是一種狀態機，狀態機的所有特性都適用於活動圖，也就是說，活動圖可以含有簡單狀態、組合狀態、分支、分岔和合併、會合。而且和其他的圖一樣，活動圖中也可以有註釋和限制。

如圖 1. 所示的一個典型的活動圖，圖中含有狀態、判斷的分支（branch）、流程的分岔（fork）和會合（join）。當一個狀態中的活動完成後，自動進入下一個狀態。整個活動圖起始於起始狀態（initial state），終止於結束狀態（final state）。

3. 應用

活動圖可以用來為系統的動態塑模，包括系統中任意一種抽象（包括類別、介面、元件、節點）的活動。活動圖的上下文（context）可以是系統、子系統、操作或類別，此外，活動圖還可以用來描述使用案例的手稿（script）。通常可以將活動圖用於以下兩種情況：

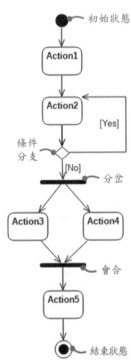

圖 1. 活動圖

(1) 工作流程塑模

　　工作流描述了系統的商務程序（business processes）。塑模時，應完成如下內容：

a. 確定工作流程的關鍵點。因為對於複雜的系統，不太可能使用活動圖能夠描述所有重要的工作流程。

b. 選擇與工作流程有關的商務物件，並為每一個重要的物件創建一個泳道（Swimlane，參見下一節介紹）。

c. 確認工作流程初始狀態的前置條件和最終狀態的後置條件，以便確定工作流程的邊界。

d. 從初始狀態開始，確定過程的每一個活動和動作，並將它們以活動狀態或動作狀態置於圖中。

e. 對於複雜的動作或多次出現的動作集合，將它們合併為一個活動狀態，再用另一個活動圖來表達此合併的活動狀態細部流程。

f. 用移轉連接活動狀態和動作狀態，並考慮分支、分岔和合併、會合。

g. 如果在工作流程中涉及重要的物件，則將物件放在圖中，必要時描述物件屬性值和狀態的變化。

(2) 操作塑模

　　為操作建立模型的情況下，活動圖等於流程圖。塑模時，應完成下列內容：

a. 收集與操作有關的抽象，包括操作的參數、回傳值類型、操作所在類別的屬性等。

b. 識別工作流程初始狀態的前置條件和最終狀態的後置條件。

c. 從初始狀態開始，確定過程的每一個活動和動作，並將它們以活動狀態或動作狀態置於圖中。

d. 必要時使用條件的分支或合併、流程的分岔或會合。

5-20 活動圖的組成元素

活動圖中,圖形的元素包括:動作狀態、活動狀態、動作流程、分支與合併、分岔與會合、泳道和物件流等。其中,動作狀態、活動狀態、動作流程(參見第4-15節)、分支與合併、分岔與會合(參見第4-18節)已於第四章詳細介紹,在此僅複習重點。

1. 動作狀態(Action state)

使用活動圖描述的控制流程中,或者要計算為屬性值的運算式,或者呼叫執行物件的操作,或者傳送信號給物件,或者建構、解構物件,所有這些可執行的、不可分的計算都被稱為動作狀態。因為它們是屬於系統的狀態,都代表了一個動作的執行。而且,動作狀態不能被分解,也就是說事件可以發生,但動作狀態的工作卻不能被中斷。完成動作狀態中的工作只需花費相當短的執行時間。

2. 活動狀態(Activity state)

活動僅有一個起始點,但可以有多個結束點。與動作狀態相反,活動狀態是可以分解的,也就是說活動狀態是可以被中斷的。活動狀態和動作狀態的UML符號沒有區別,但是活動狀態可以分別有進入或離開狀態時的入口動作、出口動作和對子狀態機的規定。可以把動作狀態看做是不能進一步分解的活動狀態;也可以把活動狀態視為一個組合,該組合的控制流由其他的活動狀態和動作狀態構成。

動作狀態與活動狀態的UML符號使用如圖1.所示的平滑圓角矩形圖示表示。

| Action | Activity |

圖 1　動作與活動

3. 移轉(Transition)

當狀態的活動或動作完成時,控制流程立即傳遞到下一個動作或活動狀態。移轉被用來表示從一個動作或活動狀態傳遞到下一個動作或活動狀態的路徑。

UML 符號使用如圖 2. 所示有方向箭頭的實線表示。

圖2　移轉

4. 分支（Branch）與合併（Merge）

　　一個活動若順序地跟在另一個活動之後，就是簡單的順序關係。如果在活動圖中使用一個菱形符號的判斷，就表示決策（decision）條件關係。決策分為分支與合併，分支有一個輸入，有多個輸出；合併則是有多個輸入，只有一個輸出。在每個輸出的移轉上，均有一個布林運算式的防衛條件（guard），只有該條件成立（為真）時，該輸出的移轉才能發生。

UML 符號使用如圖 3. 所示的菱形圖示表示。一進多出表示分支；多進一出表示合併。

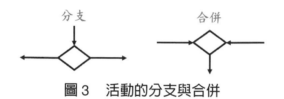

圖3　活動的分支與合併

5. 分岔（Folk）和會合（Join）

　　工作流程塑模時，可能會遇到同步的流程。在 UML 中，使用同步條（Synchronization bar）來規定這些並行控制流的分岔與會合。

如圖 4. 所示，UML 符號是一條粗的水平線或垂直線表示同步條。一進多出表示分岔；多進一出表示會合。

圖4　同步流程

6. 泳道（Swimlane）

　　活動圖可以分解成許多泳道，決定哪些物件負責哪些活動，每一個活動都可以有一個單獨的轉移連接其他活動。如圖 6. 所示的活動圖，包含客戶、ATM 提款機和銀行三個直式的泳道。

如圖5.所示，泳道的UML符號使用矩形框來表示，可以直式，也可以橫式，

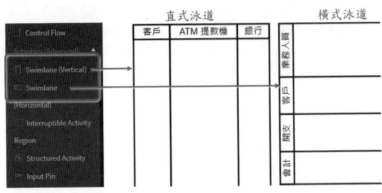

圖 5　泳道

7. 物件流程（Object flow）

　　與活動圖有關的控制流程如果涉及附帶了某一物件，UML 2.X 使用輸出引腳（output pin）和輸入引腳（input pin），並使用並使用箭頭實線將物件和產生、銷毀或修改該物件的活動或移轉連接起來，就稱為「物件流程」。如圖 7. 所示，提款機列印收據到吐出收據的活動之間，藉由引腳的標示，表達流程會涉及「收據」物件。

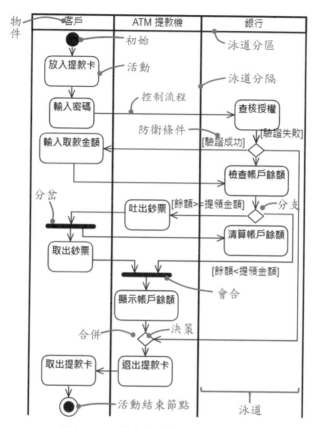

圖 6　具備泳道的活動圖範例

圖 7　活動圖物件流程的圖示方式

5-21 狀態機圖

　　UML 1.X 原稱為狀態圖，2.0 版之後更名為狀態機圖（State machine diagram），也是 UML 用在動態方面塑模的 7 個視圖之一。

　　所謂狀態機，不是一個機器，而是指從物件的初始狀態起，開始回應事件並執行某些動作，這些事件引起狀態的轉換；物件在新狀態下又開始回應事件和執行動作，如此連續進行直到終結狀態。因此狀態機由狀態（State）、事件（Event）、動作（Action）與移轉（Transition）四個元素所組成。

　　互動圖描述了多個物件間交互的互動作用，而狀態機圖只描述了單個物件在它的整個生命週期的行為。狀態機圖和活動圖是狀態機的兩種表現形式，活動圖描述了從活動到活動的控制流程，而狀態機圖則是描述了從狀態到狀態的控制流程。狀態機圖用來描述特定物件所有可能的狀態、狀態之間的移轉以及引起狀態移轉的事件。大多數的物件導向技術都可以使用狀態機圖來描述單個物件在其生命週期中的行為。狀態機圖由狀態和狀態之間的移轉組成，並按照事件發生的順序來表達物件的行為。

　　所有物件都具有狀態，狀態是物件執行一系列活動的結果。當某個事件發生後，物件的狀態將發生變化。如圖 1 所示，狀態機圖中定義的狀態有初始狀態、終止狀態、中間狀態、複合（composite）狀態，其中，初始狀態是狀態機圖的起點，而終止狀態則是狀態機圖的終點。一個狀態機圖只能有一個初始狀態，但可以有多個終止狀態。狀態的移轉通常是由事件觸發，此時應在移轉上標出觸發事件運算式或動作。如果移轉上未標明事件，則表示移轉是基於來源狀態的內部活動執行完畢後自動觸發。事件運算式標示的語法為：

事件 (參數 ,...)[防衛條件]

- 狀態機圖（State Machine Diagram）：強調了從狀態到狀態的控制流程圖。
- 狀態機（State Machine）：定義物件在生命週期中回應事件所經歷的狀態的序列，以及物件對這些事件的回應。狀態機由狀態、事件、移轉、活動、動作等組成。
- 狀態（State）：物件在生命週期中的一種條件或狀況，在這種狀況下，物件滿足某個條件，或執行某個動作，或等待某個事件。一個狀態只在一個有限的時間區段內存在。
- 事件（Event）：一個重要事件的規範，代表發生了某種動作而引發的一種程序。
- 移轉（Transition）：兩個狀態之間的關係，當第一個狀態的物件執行某個動作時，如果規定的事件發生或規定的條件被滿足了，則物件進入第二個狀態。

- 活動（Activity）：狀態機中正在執行的可分解的運算。
- 動作（Action）：可執行且不可分解的運算，該運算可回傳模型的狀態變化或值。

　　狀態機圖用來表達系統物件依照事件發生來排序的動態行為，一般用來描述事件驅動物件的行為。塑模時，主要定義內容包括物件可能經歷的穩定狀態、觸發從狀態到狀態移轉的事件、每一次狀態變化所發生的動作。

　　為事件驅動物件的行為塑模也涉及為物件的生命週期塑模，從物件的建構到物件的解構，主要強調物件可能經歷的穩定狀態。穩定狀態代表了物件能夠存在一段時間的條件。當事件發生時，物件從一個狀態移轉到另一個狀態。事件也可以觸發自移轉和內部移轉（移轉的來源狀態和目標狀態是相同的移轉）。

　　為一個事件驅動物件塑模，應確認下列的項目：

(1) 確定狀態機的上下文。狀態機的上下文可以是類別、使用案例、子系統或系統整體。
(2) 確定初始狀態和最終狀態。
(3) 依據物件在某一時間區間能夠存在的條件，而確定物件的穩定狀態。
(4) 確定穩定狀態在物件生命週期中的局部排序。
(5) 確定觸發從狀態到狀態移轉的事件。
(6) 確定狀態變化的動作。
(7) 考慮使用子狀態、分支、歷史狀態等來簡化狀態機圖。
(8) 確定是否所有的狀態都在事件的某個組合中可達成。
(9) 確定沒有狀態是死狀態。所謂死狀態，是指沒有事件或事件組合可以使物件從這個狀態中移轉出來。
(10) 檢查狀態機是否有違反系統設計所規劃的事件順序和回應。

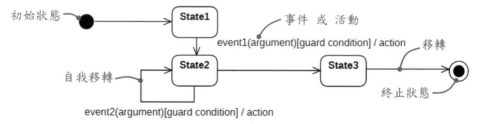

圖 1　狀態機圖

5-22 狀態機圖範例

　　狀態機圖用來表達系統的動態行為，這些動態行為是依據系統物件依照事件發生來排序的流程。以第4-16節「事件」介紹的電梯為例，示範使用如圖1.所示的狀態機圖，描述電梯此一物件之狀態的控制流程。

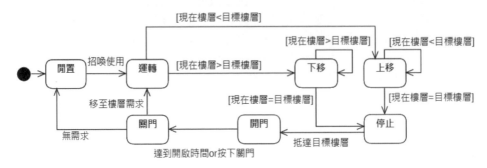

圖1　電梯系統的狀態機圖

　　電梯開始處於「閒置」狀態（idle），當有人按下按鈕要求使用電梯時（事件「招喚使用」發生），電梯進入「運轉」狀態。如果電梯的當前樓層比目標的樓層高時（防衛條件〔現在樓層＞目標樓層〕成立），電梯進入「下移」狀態；反之，不果電梯的當前樓層比想要到達的樓層低時（防衛條件〔現在樓層＜目標樓層〕成立），電梯進「上移」狀態。在電梯上下移動期間，每經過一個樓層都需要判斷是否為想要的樓層，若不是，就會繼續移動；若是想要樓層，就進入「停止」狀態。並在預定的時間後（通常是等電梯停穩），電梯門自動打開。再過一段時間沒有按下電梯關門按鈕，或是直接按下關門按鈕時，即會觸發「關門」事件，電梯進入「關門」狀態。如果有繼續的移動請求，電梯進入「運轉」狀態，否則，進入閒置狀態）。

　　如圖2.所示，使用複合狀態描述的錄音設備的狀態機圖。當電源打開時，發生「開機」事件，進入「運作」狀態；當發生「關機」事件時，系統行為結束。「運作」是一個複合的狀態，如果按下錄音鍵，設備進入「錄音」狀態；如果按下「播放」鍵，設備進入「播放」狀態；如果按下停止鍵或音檔播放完畢，就會發生「停止」事件，系統進入「停止」狀態，並進入結束狀態。當系統處於「運作」複合狀態中的任何一個子狀態時，關閉電源（產生「關機」事件），系統都會立即結束「運作」狀態，進入「關機」狀態。

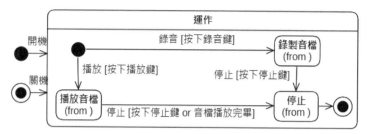

圖 2　錄音設備的狀態機圖

3. 範例：時鐘

　　以 Java 程式碼為例，說明狀態機圖對應的程式碼內容。圖 3. 為程式 Clock 類別與其使用的 DigitalDisplay 類別的類別圖，圖 4. 為描述 Clock 類別建構之物件生命週期狀態行為的狀態機圖。

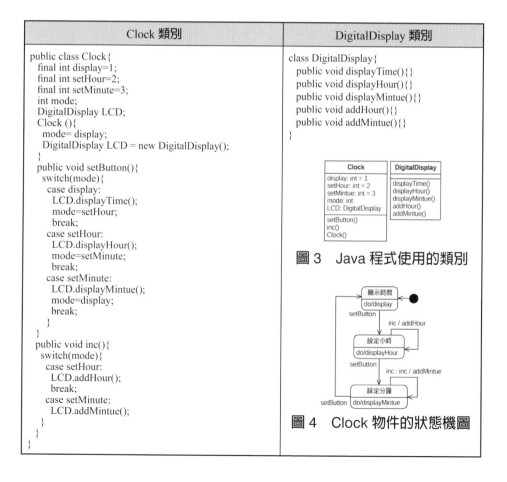

Clock 類別	DigitalDisplay 類別
| ```
public class Clock{
  final int display=1;
  final int setHour=2;
  final int setMinute=3;
  int mode;
  DigitalDisplay LCD;
  Clock (){
    mode= display;
    DigitalDisplay LCD = new DigitalDisplay();
  }
  public void setButton(){
    switch(mode){
      case display:
        LCD.displayTime();
        mode=setHour;
        break;
      case setHour:
        LCD.displayHour();
        mode=setMinute;
        break;
      case setMinute:
        LCD.displayMintue();
        mode=display;
        break;
    }
  }
  public void inc(){
    switch(mode){
      case setHour:
        LCD.addHour();
        break;
      case setMinute:
        LCD.addMintue();
    }
  }
}
``` | ```
class DigitalDisplay{
  public void displayTime(){}
  public void displayHour(){}
  public void displayMintue(){}
  public void addHour(){}
  public void addMintue(){}
}
```<br><br>圖 3　Java 程式使用的類別<br><br>圖 4　Clock 物件的狀態機圖 |

5-23 組合結構圖

　　組合結構圖（Composite structure diagram）用來描述在分類器中協同工作的元素之間的聯繫。稱為「結構」是指元素之間的相互連接，這些元素可能是在合作的任務或類別所需的支援上協同工作，以實現某目的。

　　雖然組合結構圖非常類似於類別圖，但組合結構圖包含部件（Part）、埠（Port）和連接器（Connector）的呈現。部件不一定是模型中的分類器，它們也不代表特定的實例，而是分類器將扮演的角色。部件以類似於物件的方式顯示，只是物件名稱底下必須加上底線；而部件名稱則沒有底線。組合結構圖能夠明確地描述封閉分類器所需的結構特徵。

　　組合結構圖的塑模，應確認下列的項目：

(1) 確定系統中的主要組合結構、重要類別及與外部的連接或呼叫執行的關係。

(2) 分析主要組合結構在系統中的作用，以及與系統中其他元件的呼叫執行關係。

(3) 將重要類別分解為複合元素，並確定其部件、介面以及需要對外開放的埠。

(4) 確定類別的複合元素與其內部成員之間的比例關係、成員與成員之間的連接關係、介面的種類以及該類別與其他類別之間的關係。

(5) 將需要進行共同完成一項功能的一系列角色定義為合作，並確定合作的角色與連接器類型。

　　如圖 1. 示範輪胎如何協同來支撐汽車的組合結構圖。在整個系統各個模型中，輪胎類別可能支援許多種類的組態配置，但這一個組合結構圖只是輪胎作為汽車部件時的組合方式。

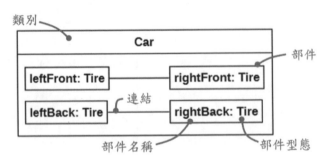

圖 1　車子搭配輪胎的組合結構圖

　　就輪胎類別而言，輪胎並不會強制執行這種特殊結構，不同的情節會有不同的組合結構，而範例所示的結構是基於在汽車的上下文中才會被強制執行的。

例如圖 2. 輪胎儲存在倉庫的（TireStorage 類別）儲物箱（以 StorageBin 類別建構的 tireBin 物件）時，輪胎的組合配置就會有不同的組合結構圖。

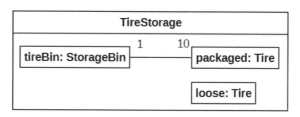

圖 2　倉庫存放輪胎包裝與散裝的組合結構圖

　　UML 的圖不僅可以使用在資訊系統分析與設計的領域，對於行政管理、組織流程的描述也很適合採用。例如**互動圖**，因為具備時間流程，很適合用在活動程序的安排，尤其是有許多不同類型的參與者，如研討會、婚禮等；例如**活動圖**，因為具備分支、合併的判斷條件與分岔、會合的分工流程，以及跨元件的泳道，非常適合描述跨部門組織的事務處理流程；例如**組合結構圖**，因為包含部件、埠和連接器等元素，非常適合用來表達單位的設備財產管理、部門組織的工作任務描述等。例如如圖 3. 所示，使用組合結構圖說明學校班級畢業專題，小組成員組成結構的規範，藉由組件的限制規範小組可以包含 1 至 2 名指導老師，有一位負責領導的學生，且成員總數必須是 2 至 5 位學生。

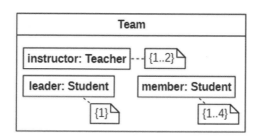

圖 3　應用在專題小組成員的組合結構圖

　　最後，說明組合結構圖使用時機與注意事項，提供繪製的參考：
(1) 如果需要著重類別的整體特性，就使用類別圖；如果是強調類別的內部結構，就使用組合結構圖。
(2) 埠和介面的差異：埠主要是類別對外可視的部分、負責類別與外部環境的互動；介面則是類別的操作集合。
(3) 元件和部件的差異：元件一般是指系統中獨立的組成部分；部件則是指類別內部的組成部分。

5-24 元件圖

系統分析與設計的過程，先以使用案例圖用來描述系統的功能需求，搭配活動描述作業程序，使用初步類別圖來定義問題領域的關係與屬性，再進一步利用循序圖、溝通圖、狀態機圖用來描述類別和物件如何相互合作以完成所需的行為。最後，將這些邏輯藍圖變為現實世界中實體設計（physical design）的系統。UML用來為物件導向系統的實體設計塑模，使用的是元件圖（Component diagram）和下一節介紹的部署圖（Deployment Diagram）。

1. 比較

元件圖是用來呈現系統實作的模型，描述了元件及元件之間的組織和依賴關係。可以將元件圖視為系統元件的特殊類別圖。

(1) 元件圖與類件圖差異：

類別圖著重於系統的邏輯設計，元件圖則是著重於系統的實體設計及實現。

(2) 元件與物件區別：

物件是類別的實體化，必須以個體來看待，例如一個 Student 類別，建構一個班級許多個學生物件，每一個學生物件都是獨立的個體。因此，物件強調的是個別實體（Instance）的特徵及行為；而元件則是強調介面（Interface）的溝通，例如微軟的 DCOM 和 .Net、Java 的 EJB、OMG 制定的 CORBA、Web Services 的 SOAP 等都是屬於元件。

2. 構成

如圖 1. 所示，元件圖由元件、介面、以及關聯、依賴、實現、一般化等關係所構成。元件內可以包含組件；元件對外的介面可以指定埠，和其他的視圖一樣，元件圖中也可以有註釋和限制，也可以有套件或子元件。

元件圖內的元件可以使用圖示（icon）、標籤（label）與裝飾（decoration）三種符號顯示方式，代表的意義完全相同，符號的說明請參閱第 4-10 節「元件」的介紹。

元件與介面之間的關係相當密切，如前所述的 DCOM、EJB、CORBA 等元件都是透過介面與其他元件建立關係。介面定義操作而不實作，而元件中則包含了實作這些介面的具體類別。

3. 外視與內視

UML 2.0 版之後，將元件圖呈現的資訊的形式，分為外視（external view）與內視（internal view）兩種方式表達元件圖：

(1) 外視：元件如同一個黑箱，其主要目的在於塑模介面，包括輸出介面（Export Interface）與引入介面（Import Interface），並不表達元件內部的組成。

(2) 內視：將元件視為一個白箱，就像圖 1. 所表達線上商品訂購的元件圖，著重於元件內部的組件或類別，以及它們與介面的關連性。在元件的內視中使用與相依關係相同的圖形來塑模實作元件介面的類別，也就是說，元件內類別的關係並不是相依而是實作。

如圖 3. 所示內視的元件圖範例，描述 Study 元件內部包含 School 與 Department 類別的關係，元件並具備一個 IAdmission 輸出介面，提供其他元件或類別可以呼叫此介面，執行申請入學的處理；另具備一個 IGraduate 引入介面，當學生畢業時，用來呼叫其他元件或類別，執行畢業程序的相關作業。

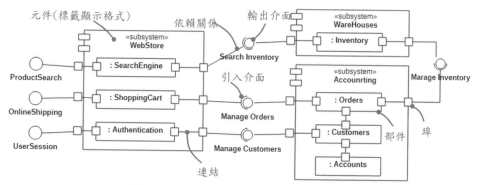

圖 1　線上商品訂購之元件圖範例

（資料來源：https://docs.staruml.io/working-with-uml-diagrams/component-diagram）

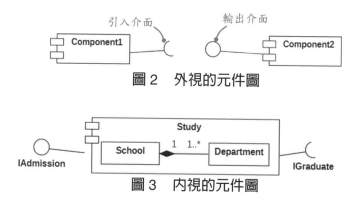

圖 2　外視的元件圖

圖 3　內視的元件圖

5-25 部署圖

部署圖（Deployment diagram）描述了節點上運行元件的配置，能夠表現系統運作時，實體設備內的軟體與硬體的分佈，對於嵌入式、主從式、分散式系統的視覺化塑模相當重要。透過部署圖可以提供評估軟、硬體建置環境的複雜性與資源的分配狀況。

1. 構成

如圖 1. 所示，部署圖主要是系統實體環境、設備的描述視圖，其具備的元素包括：

(1) 節點：表示一組運行的資源，例如電腦、周邊設備或儲存設備。

(2) 元件、工件（artifact）。

(3) 依賴關係、關聯關係。

部署圖中每一個元件必須存在於某一個節點上。和其他視圖一樣，部署圖中也可以有註釋和限制，也可以使用套件或子系統負責將節點分組。

2. 繪製原則

繪製 UML 的部署圖時，需要切記描述的是系統「靜態」的部署觀點，不是表達變動的狀況，因此通常無法只使用一個部署圖就能描述完整的觀點。也就是說，每一個部署圖只代表系統靜態的某一角度觀點，需要將全部的部署圖組合起來才是一個系統整體的靜態部署觀點。

總結上述觀念，一個規劃良好的部署圖，可歸納下列基本原則：

(1) 針對系統靜態部署觀點的某一角度繪製。

(2) 只須包含最基本且可以了解該角度的元素。如圖 2. 所示，網站領域名稱或資料庫帳號，建議應記錄於管理文件，標示在部署圖內容易造成資訊過多而複雜化。

(3) 提供與其抽象級別一致的細節，只標記那些對理解必要的符號。

(4) 避免過度簡約，以致容易誤導語意的解讀。如圖 3. 所示，也不確定 Kiosk 與 Browser 節點是硬體設備還是只是軟體？也不確定是否只是用途不同，但硬體配置相同。

繪製一個容易解讀的部署圖，建議遵循下列事項：

(1) 取一個能夠適切表達視圖目的的名稱。

(2) 佈置各個元素以便盡量避免連線的交叉。

(3) 妥善安排元素，使得語意相近的事物可以放在一起。

(4) 使用註解或顏色作為視覺提示，以引起對圖重點之處的注意。

(5) 謹慎使用造型，務必選擇一組常用的圖示供專案或機構使用，並始終如一地使用。

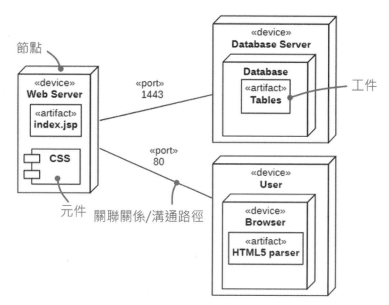

圖 1　網站運作的基本環境配置的部屬圖範例

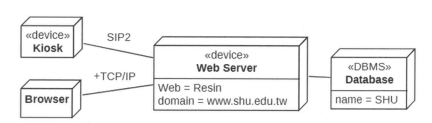

圖 2　包含過多資訊的部署圖範例

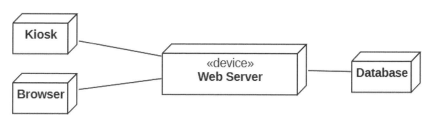

圖 3　過於簡化的部署圖範例

5-26 輪廓圖

　　輪廓圖（Profile diagram，亦有譯爲協議圖）是屬於結構圖的一種，用來表達系統內部詮釋模型（Meta-model）的構造，能夠提供現存詮釋模型中的詮釋類別（Meta-class）來進行擴充，以適用於不同用途。輪廓圖是 UML 2.4 版之後才擴充新增的視圖，早先是使用其他的視圖，例如套件圖來描述此類的資訊。

　　輪廓圖使用自訂造型、標籤值（tagged values）和限制，來描述 UML 的輕量級擴展機制。允許針對不同的情況調整 UML 的詮釋模型：例如 Java Platform（包括企業版的 Java EE）或微軟的 .Net framework 等平台，或是例如商務程序塑模、服務導向架構、醫療應用程序等領域。

　　輪廓圖在描述詮釋模型的層次中，由下列 5 種元素構成：

(1) 輪廓（Profile）：會以 «profile» 造型標示的套件。

(2) MetaClass：詮釋類別，用來描述類別構造的類別，是一種表達類別的結構化的規範，也就是可以實例化（instantiated）爲其他類別的類別。詮釋類別會以 «meatClass» 造型標示。

(3) Stereotype：造型，會以 «stereotype» 造型標示的類別。

(4) Extension：延伸關係，使用實心箭頭的實線表示某元素延伸到的詮釋模型的另一個元素。

(5) Generalization：一般化關係，使用空心箭頭的實線表示某元素繼承於詮釋模型的另一個元素。

　　如圖 1. 所示，使用輪廓圖描述 UML 的類別具備三種造型的範例。

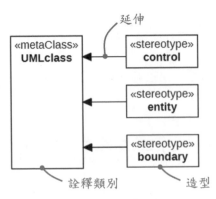

圖 1　輪廓圖範例

　　繪製輪廓時（不是輪廓圖，而是繪製一個輪廓），需要在套件之下加入，包括下列 3 項步驟：

(1) 假設需要繪製 Enterprise Java Bean 的輪廓圖時，首先繪製完成如圖 2. 示範的輪廓圖。

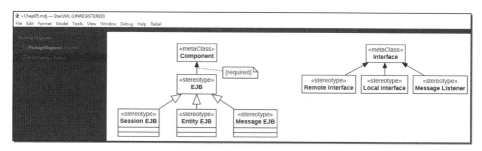

圖 2　EJB 輪廓圖

(2) 在 starUML 工具軟體的套件圖中，先選點一套件，然後點擊滑鼠右鍵 |Add|Profile，或如圖 2. 所示在主選單選點 Model|Add|Profile 即可在套件內加入 Profile 元素。加入完成後，如圖 3. 所示，會在該套件下方顯示此新增輪廓。請將該輪廓以滑鼠拖拉至工作區。

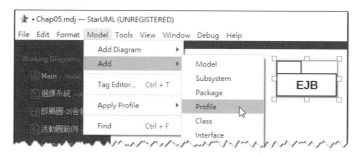

圖 3　於套件圖中加入一輪廓

(3) 將該於左方的視圖作業區（Working Diagrams），將原先編輯好的輪廓圖，以滑鼠拖拉至目的輪廓，如圖 4 所示的 EJB 輪廓內。爾後只要選點該輪廓，即會展開顯示連結的輪廓圖內容。

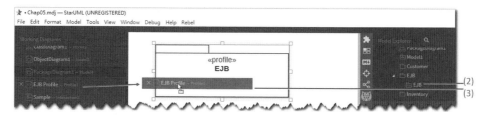

圖 4　將輪廓圖拖拉至輪廓內，建立輪廓與輪廓圖的連結

第6章
系統分析與設計

一、系統分析階段

6-1 系統需求分析

1. 需求

　　系統分析實際上就是執行「系統需求分析」，最開始也是最重要的是掌握「系統需求發展」。當要開發一個系統時，系統分析師（System Analyst，SA）需要瞭解客戶的需求，必須能夠掌握需求、描述需求。需求收集（requirement gathering）就是找出現實中的問題，並考慮如何使用軟體來解決的階段。

　　需求描述從構思、設計、實作到維運的系統所需功能與特徵。需求的內容包括性能、時程、成本和其他特徵（例如生命週期）。需求通常按層次來組織，最高層次應是專注於實現什麼，而不是如何實現。目的在從整體系統到每個硬體、軟體元件都能夠正確建立。

　　需求可劃分下列五種需求級別（level of requirements）：
(1) 商務需求（Business Requirements，或稱業務需求）。
(2) 功能需求（Functional Requirements）。
(3) 利害關係人需求（Stakeholder Requirements）。
(4) 非功能需求（Non Functional Requirements）。
(5) 過渡需求（Transition Requirements）。

2. 需求標準

　　需求並非專案負責人或專案成員主觀認定而獲取的需要，實際有其國際相關標準，可以做為需求收集的參考：
(1) NASA/SP-2007-6105 [註1]：
  • Section 4.2－技術性需求定義（Technical Requirements Definition）
  • Section 6.2－需求管理（Requirements Management）
  • Appendix C－如何撰寫良好的需求（How to write a good Requirement）
  • Appendix D－需求驗證矩陣（Requirements Verification Matrix，RVM）

[註1]　NASA Systems Engineering Handbook. https://www.nasa.gov/seh/index.html

(2)系統工程國際委員會（International Council of Systems Engineering，INCOSE）的系統工程手冊（Systems Engineering Handbook）[註2]。

(3)ISO/IEC 15288: 2008 系統和軟體工程－系統生命週期程序（Systems and software engineering-System life cycle processes）。

  • 6.4.1 利害關係人需求定義程序（Stakeholder Requirements Definition Process）

3. 需求流程

　　需求收集將注意力放在系統目標的描述上。開發人員、客戶或使用者共同標識問題領域，再定義、了解這些問題領域。針對解答問題領域，以及包含軟、硬體、環境需求的定義文件，就稱為系統需求規格書（System Requirements Specification，SRS）。

　　需求分析時，採用 UML 的使用案例圖表示使用者的需求，透過使用案例可以對外部的角色以及所需要的系統功能進行塑模，不僅要對軟體系統，對商務流程也要進行需求分析。如圖 1. 所示，依據獲取各級別需求的流程，分別可以產生專案與執行範圍、使用案例圖、系統軟硬體與環境規格等各個層面的文件。

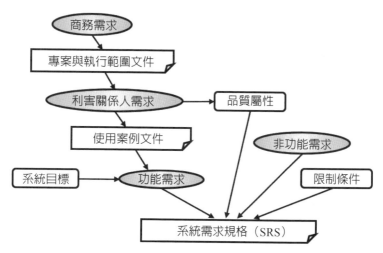

圖 1　需求級別與產生的文件層次

[註2]　D. D. Walden, G. J. Roedler, K. J. Forsberg, R. D. Hamelin, and T. M. Shortell. (2015). INCOSE Systems Engineering Handbook: A Guide for System Life Cycle Processes and Activities, 4th Edition. Hoboken, US-NJ: Wiley.

6-2 分析模型

如圖 1. 所示，需求分析階段就是進一步將需求收集階段的文件，轉化成電腦軟體能夠實現的需求，並撰寫成系統需求規格（SRS）。因此，可以單純地將需求分析視爲系統分析。

1. 需求分析模型

建構需求分析的模型有下列三種作用：

(1) 可以用來確認問題的需求；

(2) 爲使用者和開發人員提供明確的需求；

(3) 提供使用者和開發人員之間協商的基礎，作爲後續設計和實作的框架。

需求分析階段主要考慮所要解決的問題，採用物件導向分析時，透過如圖 1. 所示進行分析的過程，依據不同的觀點會產出下列 3 種需求分析模型：

(1) 功能模型：把使用者的功能性需求轉化爲開發人員和使用者都能理解的一種表達方式，其結果爲產出使用案例模型（使用案例文件與視圖）。

(2) 物件模型：物件模型是系統的靜態模型。透過對使用案例模型的分析，把系統分解成互動的類別。此階段產出的文件，是較爲簡單的類別圖，通常不包含操作，而是強調屬性與多重性關係（數集 cardinality 與必備 modality），所以又稱概念類別，或初步類別。類別的操作可以在設計系統的循序圖時確定。

(3) 動態模型：描述系統的動態行爲。此階段產出系統循序圖（或溝通圖）來描述系統中物件之間的互動關係。

只有結合靜態模型和動態模型，才能夠真正地將一個系統描述清楚。靜態模型和動態模型對後續撰寫程式具有重要的意義。靜態模型提供類別宣告的參考，包括類別名稱、屬性；而動態模型主要提供類別方法實作的參考。

2. RUP 架構之需求分析模型

統一軟體開發過程（Rational Unified Process，RUP）建議使用「以架構爲中心」的 UML 描述方法。也就是說，一個確定的基本系統架構是非常重要的，並且在過程的早期就要建立這個架構。系統架構是由不同模型的一組觀點表達的，產生的文件則稱軟體架構文件（Software Architecture Document，SAD）。如圖 2. 所示，RUP 架構一般包括：邏輯觀點、實作觀點、程序觀點和部署觀點，透過使用案例觀點將這 4 種觀點聯繫在一起。

(1) 使用案例觀點（Use Case View）：包括參與者、使用案例、使用案例圖、時序圖或溝通圖。這是需求分析最主要也是第一個要產生的視圖。此觀點不

在意如何具體實作，而是著重於系統的整體目標。

(2) 邏輯觀點（Logical View）：邏輯觀點包括需要的特定類別、類別圖和狀態圖。邏輯觀點著重於實現使用案例圖中的具體功能，和元件之間的關聯，定義系統物件導向的設計模型。

(3) 發展觀點（Development View）：從開發人員的角度定義系統，著重於軟體模組的組織，例如子系統、程式庫、框架等。可以使用不同的 UML 圖，例如組件圖或套件圖來描述系統組件。

(4) 程序觀點（Process View）。透過描述商務流程（business flow）和支援這些流程的組件來表達設計的並行（concurrency）和同步（synchronization）。例如系統涵蓋平行處理、分散式，或整合式的需求。此觀點可以使用活動圖、循序圖（或溝通圖）表達。

(5) 部署觀點（Deployment View）：依據系統實際配置的需求，描述軟體組件在設備上的結構以及這些組件之間的連接。此觀點可以使用部署圖表達。

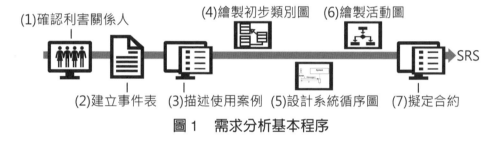

圖 1　需求分析基本程序

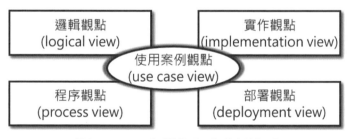

圖 2　RUP 架構的需求分析模型

圖形來源：Feggins, R. (2001). Designing component-based architectures with Rational Rose RealTime. *Rational Software White Paper*.

6-3 需求收集的困難點

　　需求收集是後續系統分析和塑模的基礎。主要任務是弄清楚客戶想要透過系統達到的目標，總結客戶提出的各種問題和要求。在專案的開發過程中，需求變更貫穿軟體專案的整個生命週期，從專案建立之初、構思、設計、開發到維護，客戶內各類型使用者的經驗增加、對使用軟體的感受與熟悉度變化、以及整個業務範圍的新動態、因應系統的發展而產生組織再造的變革，都會對開發的軟體系統不斷地修正功能、優化性能、提高親和力。因此需求收集的過程，隨時需要面對需求變更與取得困難的狀況。

1. 需求收集的困難

　　在軟體開發的專案管理過程中，專案經理經常面臨客戶的需求變更。如果不能有效處理這些需求變更，專案計畫就會一再調整，軟體交付日期一再拖延，從而導致項目開發的成本增加、品質下降及交付時程延後等情況。因此，獲取有效的需求是很重要的關鍵。

　　需求收集的過程是一項確定和了解客戶的各種不同類型使用者需要和限制的過程。可能會有下列狀況：

(1) 不同類型的使用者對於同一功能的要求並不一致，例如使用者與供應商之間需求的衝突。筆者也曾遇過因為不同部門人員之間的嫌隙，總是推翻他部門所提出的功能需求。

(2) 需求經常變動。客戶本身的需求經常變動，因此要盡可能地釐清哪些是穩定的需求，哪些可能是易變的需求。以便在進行系統設計時，將軟體的核心建構在穩定的需求上，並考量參數化的彈性來設計易變的需求。其次，在合約中儘量載明清楚做與不做的項目。

(3) 客戶認為開發者應該已經掌握領域知識（domain knowledge）。一般系統開發人員都會認為使用者會對產品很感興趣，因為該產品會解決使用者的問題。但通常使客戶希望開發人員已經知道或不願意耗費時間提供完整的資訊。

(4) 客戶描述不清需求。有些客戶對需求只有模糊且主觀的感覺，或是長期照表操課，只知其然而不知其所以然，以致無法具體清楚地表達需求。也有情況是客戶內的使用者對資訊系統的運作邏輯並不清楚，很難站在系統的角度描述需求。

(5) 使用者與需求訪談人員之間溝通的誤解。尤其專業的隔閡，需求訪談人員自認完全了解使用者的需求，但實際有許多關鍵作業有相當差異。而當取得的需求在描述上沒有統一描述的方法，系統分析與設計時又會產生更多

的差異，最終開發出來的系統，就完全無法符合客戶的期待。如圖1.所示，很貼切的表達這種情況。

(6) 需求未獲驗證。分析人員寫好系統需求規格書（SRS）後，一定要請客戶各層級或部門的使用者代表確認。如果問題很複雜，雙方都不太明白，就有必要請開發人員快速建構雛型，雙方再次驗證需求是否正確。

(7) 需求偏離實作的可能。由於客戶大多不懂程式，可能會提出一些無法實現的需求。有時也會因為需求訪談人員或系統人員的經驗不足，對於複雜的需求（尤其是現今資訊系統環境交互運作與平台環境越來越複雜）誤認可以達成，但實際開發才發現窒礙難行而無法完成需求。

2. 需求工程流程

需求的過程大致可以分為下列 4 個階段，稱為需求工程（Requirements Engineering，RE）：

(1) 需求收集：確定和收集與系統相關、不同來源的需求資訊。

(2) 需求分析：對獲得的需求資訊進行分析和整合，即提煉、研判和審查已收集到的需求資訊，並找出其中的錯誤、矛盾、遺漏或其他不足的地方，以獲得使用者對系統的真正需求，建立系統正確的模型。

(3) 需求描述：使用適當的描述語言，按標準的格式描述系統的需求，並產生系統需求規格（SRS）以及相關的說明文件。

(4) 需求驗證：審查和確認系統需求規格說明，是否正確和完整地表達使用者對系統的需求。並通過專案負責人與客戶的確認。

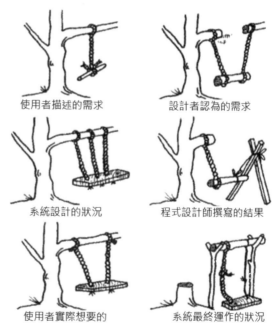

使用者描述的需求

設計者認為的需求

系統設計的狀況

程式設計師撰寫的結果

使用者實際想要的

系統最終運作的狀況

圖1 開發者與使用者之間對需求認知的差異

圖片來源：What is Software Development Life Cycle (or SDLC)? http://sahet.net/htm/swdev21.html

6-4 需求收集方法

需求收集包括質化與量化的方式，以下簡介一些常用的方式：

1. 現場調查

現場調查的形式主要有訪談、觀察、錄音、攝影等。訪談是最早開始用來取得客戶各個業務範圍使用者需求的方法。也是最普遍使用、最主要的需求分析技術。訪談可以分為正式與非正式訪談 2 種方式。採取的方式可以是一對一，或是多人群組的疊慧法（Delphi method）和專家座談法等方式。

正式的訪談中，系統分析師會提出一些事先準備好的具體問題，依據 5W 原則，提出如下的問題：

(1) When

這是和軟體使用時間相關的環境資訊，常見的時間資訊如下。

- 時期資訊：使用系統的季節，例如如春、夏、秋、冬，又例如學校的選課系統，會在開學初或是期末的特定期間。
- 日期資訊：例如節日、假日等。
- 作息事件：例如資料的拋轉、備份、重整和系統內部定期處理作業（Housekeeping），通常都會執行在離峰和非上班期間。

(2) Where

系統運作和地點相關的環境資訊：

- 國家、地區：除了語文，不同的國家和地區有不同喜好的操作介面、文化、風俗、制度、習慣等。
- 室內、室外、街道，尤其現今行動裝置的普及，必須考量移動式的執行環境。

(3) Who

系統相關的參與者（Actor）。常見的參與者包括：

- 管理者、維護者：如後台的工作人員。
- 監督者、評估者：如政府單位、監管、稽核機構等。
- 使用者、操作者：如前台的使用客戶、訪客。
- 其他系統。

(4) What

使用者執行系統的目的，也就是操作功能的最終輸出結果。例如：鍵入資料、產生文件、統計報表、提供資訊等。通常這是針對系統各個功能執行最基

本的需求。

(5) Why

使用者操作系統的主要原因為何？使用者在什麼情況下需要操作什麼功能。若是不具備此項功能，會導致什麼問題、困難，或是阻礙等，這也是使用者提出需求的主因。

2. 現有資料分析

如果是開發新的系統取代舊的系統，常用的收集方式就是先分析原有系統。確保資料的移轉、並行作業的時機、原有系統作業流程與執行方式涵蓋範圍等。若是新開發的系統是要替代原有人工作業，則可從過去累積的紙本文件、表單進行收集。

3. 文獻回顧

文獻回顧的資料收集範圍，除了客戶內部的資料之外，還包括作業規範、產品規格、產業趨勢、市場分析、法規等外部資料，甚至包括備援、資訊安全管理制度（Information Security Management System，ISMS）等需求。

4. 網路搜尋

相關需求也可採網路調查方式，透過搜尋引擎等網路工具搜尋相關需求。

一般而言，系統開發的專案大多是基於客戶提出的需求書或企畫書，進而擬定建議書，再實際進行需求的收集。不過有時是組織基於市場競爭、擴充既有市場範圍，或是創意發想而進行的系統開發。需求創意來源建議可以參考下列的方式尋求創意來源與構思系統功能：

(1) 參考相關軟體案例，例如小組成員使用過的軟體產品經驗。
(2) 閱讀科技新聞及相關電腦雜誌，關切相關軟體新的發展與應用趨勢。
(3) 因應數位匯流（digital convergence）的趨勢，思考跨領域應用的結合。
(4) 熟悉軟體程式的技巧，掌握程式語言的功能特點，並善用該程式語言相關的開放套件。
(5) 廣泛閱讀各類資訊專書，尤其書中介紹的開發技巧或秘技。
(6) 加入相關論壇、參加各類研討會，激發創意。

圖1 需求訪談的問題基本原則

6-5 系統化需求收集過程

需求收集的過程包括：

(1) 發現使用者的領域知識（domain knowledge），挖掘該領域的問題和要求。

(2) 建立現有的商務模型（business model），編寫使用案例文件、畫出使用案例圖。

(3) 在商務模型基礎上產生軟體的初始需求，也就是系統需求規格（SRS）。

1. 使用案例的塑模過程

系統開發最終完成的產品是提供使用者運行的軟體。從使用者角度觀察需求，確保最終開發的產品不僅能符合使用者要求的服務，也能滿足使者操作的便利性。使用案例模型主要用來描述系統和系統外部環境的關係，直接影響著後續其他模型的建立。使用案例還可以協助使用者理解未來是如何使用系統。

使用案例是一組系統使用**情節**（Scenario）的集合，每個情節又是由一些**事件**（Event）序列構成的，發起這個事件的使用者就是系統使用的**參與者**（Actor），每一參與者有其扮演的**角色**（Role），表達使用系統來作什麼事情。需求中描述的角色和使用案例，在實作階段就成了類別／物件和介面。

需求取得過程的使用案例，比較不關心細節的情況下，只求快速搜集系統需求，形成總體樣式。使用案例塑模分析步驟如下：

(1) 確定將要設計的系統範圍和邊界。

(2) 確定系統外的參與者。

(3) 從參與者（使用者）和系統對話的角度找出雙方的特徵：

　　a. 參與者如何使用系統。

　　b. 系統向參與者提供什麼功能。

(4) 將最接近使用者（介面）的使用案例作為最上層使用案例。

(5) 對複雜的使用案例進一步分解，並確定下層使用案例以及使用案例之間的關係。

(6) 對每一使用案例作進一步改善的細化（refine）。

(7) 列出每一個使用案例執行的前置條件和執行後對系統產生的結果。

(8) 提出每一個使用案例在正常條件下的執行過程。

(9) 提出每一個使用案例在非正常條件下的執行過程。

(10) 編寫使用案例的說明文件。

(11) 繪製使用案例圖。

2. 找出角色

在使用案例中，參與者是操作某些類型或特定作業的使用者，這些使用者

需要執行使用案例內與其相關的特定服務。也就是說，參與者擔任特定的角色時，會執行特定的作業，例如老師執行開課；學生執行選課。所有參與者必須根據假定的角色命名，因此必須找出使用案例的角色。可藉由回答下列問題，幫助系統分析師確認有哪些角色：

(1)誰是使用系統主要功能或服務的人（starting role，主要角色）？

(2)誰需要借助系統完成日常作業？

(3)誰來維護、管理系統（supporting role，次要角色），以保證系統正常工作？

(4)系統使用的硬體設備與互通的其他系統有哪些？

其他系統包括電腦系統，也包括該系統使用的應用軟體，可以區分成兩類：一類是啟動該系統活動的系統，另一類是該系統所使用的系統。

(5)哪些人或事對系統產生的結果有興趣或受影響？

在尋找使用者時，不要只聚焦在使用電腦的人員，直接或間接地與系統互動或從系統中獲取資訊的任何人、事都是使用者。

3. 找出使用案例

在完成了角色識別工作之後，即可從角色的角度出發，考慮角色需要系統完成什麼樣的功能，從而建立角色需要的使用案例。對於找出的角色，可以透過回答下列問題的方式來找出使用案例：

(1)角色需要從系統中獲得哪種功能？角色需要做什麼？

(2)角色需要讀取、產生、刪除、修改或儲存系統中的某種資訊嗎？

(3)系統中發生的事件需要通知角色嗎？或者角色需要通知系統某件事嗎？這些事件功能是什麼？

(4)如果用系統的功能是處理角色的日常工作，重點是簡化作業？還是提高效率？

(5)是否還有一些與當前角色可能無關，但能幫助系統分析師發現使用案例？例如：系統需要的輸入／輸出是什麼資訊？這些輸入／輸出資訊來源與目的地？開發的系統是要解決什麼問題，是擴充作業範圍？流程調整？還是用自動化取代人工作業？

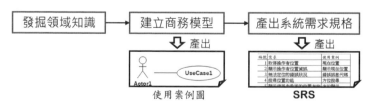

圖1 需求收集的系統化過程與產出

6-6 尋找利害關係人

找出使用案例的過程中，除了找出各個使用者的角色之外，還有兩個很重要的元素必須找出：一是利害關係人（Stakeholder）；另一是事件（Event）。

之所以稱為「利害關係人」，是因為他們將直接或間接地受到系統完成與否與績效好壞的影響。如圖 1. 所示，在需求訪談之前，必須先確認這一個系統的利害關係人。系統如果沒有滿足利害關係人的目標或利益，就可能導致系統的失敗。

1. 利害關係人類型

利害關係人可分為如圖 2. 所示的內部（internal）與外部（external）並可再細分為操作、管理與技術三種類型。或是依據能影響專案和被專案影響的人，分類為直接與間接利害關係人。

(1) 內部利害關係人

內部利害關係人是指那些直接參與企業的運營，且會直接受到企業績效影響的人。例如：專案負責人、專案團隊成員（如業務經理、系統分析師、程式設計師、介面設計等）、委託開發的客戶、部門或高階主管等。

內部利害關係人通常對公司的運作方式有很大的影響。例如，公司的經營者將參與重要的商務決策。許多情況會將客戶也視為內部利害關係人，是因為多數系統是客戶出資委由開發團隊開發，系統的運作是否能夠滿足他們的需求，有很直接的利害關係。

(2) 外部利害關係人

外部利害關係人是指不受系統完成與否與績效好壞直接影響，而只有間接影響的個人、團體和組織。包括使用者、事業夥伴或合作廠商、股東、潛在投資者等。

2. 確認利害關係人

不同組織的利害關係人有相當的差異，在確定需求前必須針對系統開發的專案特性，先確立利害關係人。系統開發最開始，尚未進入需求分析的階段，通常並不確定利害關係人包括哪些對象。以委外的專案為例，客戶的負責窗口並不會明確告知誰是這個系統的利害關係人，所以系統分析師要善於引導、溝通與觀察，主動訪談客戶相關的主管及作業人員，並提出各種可能解決方案與風險問題，再進一步瞭解系統可能帶來的效益與風險，和客戶共同歸納並確認利害關係人。確認完成利害關係人後，再進行需求收集程序，並對照需求的達成是否能滿足各類型利害關係人期望的目標與利益。

　　因爲利害相關人可以是一個個人或團體，專案的任何地方都可能找到某一類型的利害相關人。找出具體利害關係人的方法可以參考如下的程序：

(1) 分析專案文件：尋找受專案影響的人員、單位、部門、客戶和專案團隊成員。如果沒有可參考的文件，就直接轉到下一步驟。

(2) 腦力激盪：將專案團隊成員召集在一起，就文件未包含之其他受影響範圍，進行討論。

(3) 客戶分析：訪談客戶或目標對象，搜集直接或間接影響的個人或團體。

(4) 製作表單：列出依據先前程序所獲得的利害關係人表單，並說明是如何受專案影響的。另外，還可以考慮在表單中包含「註釋」一欄，以追蹤與利害關係人溝通的有效方式或其他提醒。

　　另外，可以使用的另一個工具是RACI責任分配矩陣[註3]。RACI分別代表：

(1) 責任者（Responsible）：實際執行工作的人。

(2) 當責者（Accountable）：最終負責正確完成可交付成果，並將工作委託給責任者的人。此人還批准（簽署）可交付成果或任務。實務上只能爲每個任務或可交付成果指定一個當責者。

(3) 事先諮詢者（Consulted）：尋求意見的對象，通常是領域專家或題材（subject matter）專家。溝通方式通常爲雙向。

(4) 事後告知者（Informed）：需要隨時了解最新進展的人。溝通通常是單向。

圖1　利害關係人對需求與目標達成與否的重要性

	操作	管理	技術
內部	業務	部門主管 高階主管	專案負責人 專案團隊成員
外部	使用者 供應商	事業夥伴 合作廠商 政府機構 股東	軟硬體設備來源的技術人員

圖2　利害關係人分類的範例

[註3] Kupersmith, K., Mulvey, P., & McGoey, K. (2013). Business Analysis For Dummies. John Wiley & Sons. p.41.

6-7 事件(1)

　　需求收集第二個活動就是建立事件表並定義使用案例。早期的系統分析強調系統的資料流程觀念，通常以圖 1. 所示的資料流程圖（Data Flow Diagram，DFD）表示。先尋找確認由外部進入系統的資料，再描述系統如何操作、儲存這些資料，最後產生或輸出什麼資料。

　　但是需求取得時，較難透過使用者定義資料和處理流程，而是以使用者每天處理的作業來說明較為容易表達。例如詢問使用者系統需要「做什麼事情」，只要使用者能夠回答希望系統能夠處理哪些事件，讓需求比較直接且清楚。

1. 事件

　　事件（event）是指在特定時間或地點發生，可以描述且值得注意的特定事情。事件和系統需求的關係是：什麼事件發生時需要系統做出回應，能列出所有這樣的事件，就可以明確地知道使用者對系統的需求。

　　通常使用者並不清楚電腦作業的邏輯，但較能清楚表達這些工作的作業，只是難免不能完全表達所有事件。所以，需求取得時，需要協助使用者完成發掘事件的工作。如圖 2. 所示，事件可以分為下列 3 種類型：

(1) 外部事件（external event)：發生在系統外部，由參與者所啟動的事件。通常是基於參與者需要系統幫助處理特定的作業，例如查詢資料、異動資料、執行職務內的工作。

(2) 暫時事件（temporal event)：又稱內部事件，是在某些特定時間，不需外部參與者的操作，系統自動處理的事件。例如系統的日常作業（housekeeping)，如定期資料備份、統計報表列印等。

(3) 狀態事件（state event）發生在系統內部引發系統必須處理的事，通常由外部事件所或某些特殊狀況所引發，但與時間無關。例如安全庫存量檢查、資料異常發生等。所有外部事件和暫時事件都要考慮是否會引發狀態事件。狀態事件是不定期發生，需要考量系統運作過程有哪些可能的狀況。

2. 事件尋找的方式

(1) 依類型尋找：將系統所要處理的事件分為外部事件、暫時事件和狀態事件，然後再去分析可能的事件是什麼。

(2) 依目標尋找：從利害關係人的目標表中的每一個目標，去對應可能所需要的事件。從利害關係人目標表中，尋找系統所需要的事件較為直接，例如倉庫管理人員的目標為「能夠依商品類型動態調整及監控安全庫存量，並能自動產生進貨作業」，那麼所對應的事件則為「能夠隨動態調整各類商品的安全庫存量，商品出售時，若庫存量低於該類商品的警告值，就會

自動執行緊急進貨作業並通知相關管理人員」。但是依目標尋找事件的缺點，是利害關係人的目標表通常不會包含基本的作業內容（例如，客戶基本資料、產品規格紀錄等），所以使用這種方式有可能會遺漏某些基本作業。

(3) 依服務尋找：從所有參與者需要的服務過程中尋找事件。先選擇某一個參與者，檢視其每天的工作有哪一些，較可避免有遺漏事件的情形。例如銷售人員要處理每天進貨、銷貨、退貨、清點銷貨數量、結帳的作業，對應的事件為「能夠處理進貨入庫上架」、「能夠依顧客訂貨資訊於倉庫取得相關商品，依最佳化方式裝箱出貨、結帳並記錄交易」、「進行退貨處理並回沖庫存和執行退款作業」等等。

上述三種可以混合使用，並交互比對，以便確實找出系統所有需要的事件。

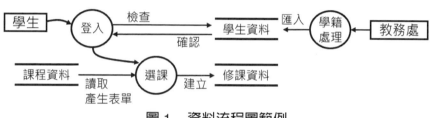

圖 1 資料流程圖範例

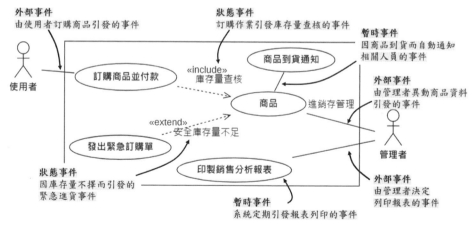

圖 2 事件類型的範例

6-8 事件(2)

1. 事件的分辨

　　尋找事件的過程中，如果事件含有幾個連續動作，發生的時間都是同時間，或是都是固定接續的動作，則這些連續動作其實可以視為單一事件，且特別細節的事件在系統分析階段會忽略。例如，顧客的一個訂單成立，倉庫管理人員必須依據訂購商品的類型、數量，至指定的架位取出商品包裝，系統檢查庫存量，計算包裝方式，處理出貨物流作業。這些動作其實都是「商品出貨作業」，不需要分成好幾件事件。另外，如果動作發生的時間獨立，但因為作業的性質相近，則可以將這些事件合併。例如，商品基本資料的新增、刪除、修改，都屬於資料異動的作業，可以考慮合併在同一個「商品資料維護」事件。如此在撰寫使用案例時，也會較為簡潔清楚。

2. 事件表

　　當找出系統所需要處理的事件後，接著就是尋找其相對應的使用案例。一般是一個事件對應一個使用案例，但有時候也可以將多個相關或接續的事件放在同一個使用案例中。追蹤交易處理的生命週期過程中，可以得到一系列事件，將這些事件編列成如圖 1. 所示的表格，就是事件表（event table）。事件表可以包含事件的觸發者（trigger）、來源（source）、回應（response）、目的地（destination）等說明，對事件的陳述較為清楚，不過也較為繁瑣，在尋找事件的過程中因為需要一再地修改，所以也可以只表列如圖 2. 所示的簡單形式即可，僅敘述事件最基本的訊息。

3. 事件與使用案例名稱的描述

(1) 事件名稱，是描述參與者在某個時間或地點需要處理某個單一事情，所以建議描述的方式是「觸發狀態（動詞）＋處理的作業（名詞）」。例如，由使用者「查詢」商品資訊，觸發事件執行商品資訊，並將搜尋結果之價格、規格等內容顯示，因此可將該事件名稱描述為「查詢商品價格、規格」。

(2) 使用案例名稱，建議描述的方式是「事情（名詞）＋處理方式（動詞）」。例如「查詢商品價格、規格」事件，就可以將使用案例寫成「商品查詢作業」即可。但如果需要強調查詢的商品只限於以上架的商品，則可再加上對象的範圍，而描述為「查詢可購買且上架的商品」。不過以上都僅是原則，主要是以最清楚、明白的方式表達即可。

4. 確認事件表

事件表的目的是要找出系統作業的各個使用案例，找到使用案例後，建議執行確認下列事項的檢查：

(1) 哪些事件有重複？哪些事件可以合併？哪些事件應分開？

(2) 一個事件對應一個使用案例？或者多個事件可以合併在同一個使用案例之中？

(3) 事件表中所列出的事件是否能達成所有利害關係人的目標？

(4) 所有事件是否涵蓋了整體系統的功能？

(5) 所有使用案例是否包含了整體系統的功能？

(6) 是否有些功能有所遺漏？

有些系統必要的功能，不一定能夠從使用者需求訪談、現有資料、文件回顧，甚至利害關係人的分析中獲得，尤其是系統管理框架所需的功能，必須有賴系統分析師依經驗考量。例如：基本資料維護、資料關聯一致性檢查、資料安全與隱碼處理、系統日誌涵蓋範圍、人事異動的權限控管、資料交換格式、系統擴充模式、索引架構、回溯作業等。

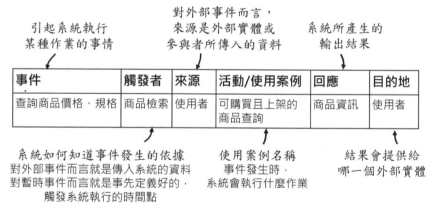

圖 1　完整形式的事件表

事件	活動/使用案例
1. 查詢商品價格、規格 2. 結帳並紀錄交易紀錄 3. 進行退貨處理，並回沖庫存	1. 可購買且上架的商品查詢 2. 銷貨作業 3. 退貨作業

圖 2　簡單形式的事件表

6-9 撰寫使用案例(1)

結構化方法使用資料流程圖（Data Flow Diagram，DFD）和實體關係模型（Entity-Relationship Model）來表達系統規格與資料流程。不過使用 DFD 的結構化方法對於一般使用者並容易瞭解，且無法描述物件導向的觀念。Ivar Jacobson 於 1986 年提出使用案例，利用文字來描述系統的需求。物件導向發展方法將這個工具納入成為描述系統需求最主要的工具。也就是說，物件導向系統設計相關的工作，是在使用案例的描述後才能展開。不過，UML 並沒有對使用案例的描述方式做出規範。

1. 使用案例描述的關鍵元素

(1) 使用案例（use case），就是描述參與者如何與系統互動而達成其目標的一組成功與失敗情節（scenario）。透過這些簡單、直接的方式，描述參與者與系統互動過程，著重在使用者操作的層次上盡可能地詳細，而不需要描述到系統如何處理資料的細節。

(2) 參與者（actor）：雖然在前章節多次針對參與者的意義作詳細說明，但還是要再強調。參與者是指與系統直接互動的人或個體。人可以是櫃檯人員、顧客、倉管人員或是與系統互動的任何使用者；個體則可以是組織部門或其他資訊系統。參與者和利害關係人不同，利害關係人是對系統有需求目標的期望，系統如果沒有滿足利害關係人的目標或利益，就可能導致系統的失敗。

(3) 情節（scenario）是參與者與系統之間一連串動作的敘述，這是使用案例描述的關鍵。情節描述參與者與系統的互動過程有兩個重點：

　a. 考慮各種互動的情況：每一個事件的處理過程都可能有許多情況需要描述，例如，顧客操作「訂購結帳」的使用案例，除了描述正常訂單執行流程，還要包括如產品的編號不存在、信用授權無法完成、商品庫存數量不足、物流無法處理等，各種可能發生例外的狀況。或是例如顧客採取不同取貨方式、交易後修改訂購數量、寄件地址與發票地址分開等不同執行狀態的描述。也就是說，能夠仔細地考慮各種的情況，是確保系統上線後運作順暢的先決條件。

　b. 仔細描述互動的細節：描述使用案例時，可以採用正在使用系統的假想方式，思索人與系統互動過程的諸多細節，再加以詳細描述。避免因遺漏而讓介面製作或程式撰寫時，難以決定執行的方式。例如，顧客操作「訂購結帳」的使用案例，在確認訂單的畫面中需要具備哪些欄位？那些是提示的資訊？那些是必要輸入的資訊？輸入的資料是必備還是選擇

性？是代碼還是可輸入部分連動帶出其他資料的動態方式？會有哪些選項或按鍵？需不需要輔助或互動的訊息？防呆處理的方式如何？有沒有錯誤的提示訊息等等。

2. 案例描述技巧

撰寫使用案例的描述，可以參考一些經驗原則：

(1) 識別所有系統參與者並為每個參與者建立對應的使用案例描述，包括與系統互動之使用者所扮演的每個角色。

(2) 選擇一個參與者，並定義參與者的目標，或是希望透過系統來完成什麼？這些目標都應該表示成為一個使用案例。

(3) 描述每個使用案例採取的過程，以達到 (2) 所訂的目標。

(4) 考慮事件的每個可替代的過程（可採取不同的過程來達到目標）和延伸的使用案例。

(5) 確定過程中的共通性，以描述共用的使用案例。

此外，撰寫使用案例的內容，還可考量下列幾個基本原則：

(1) 考量系統預定要達成的任務。

(2) 不須考量使用者介面，專注於參與者使用系統的企圖，以及想達到的結果。

(3) 內容的描述儘量簡潔明白。

(4) 以系統為黑箱（未知系統內部的作業細節）的角度撰寫使用案例。

(5) 從參與者與參與者目標出發，聚焦在參與者目標與其想要得到的結果。

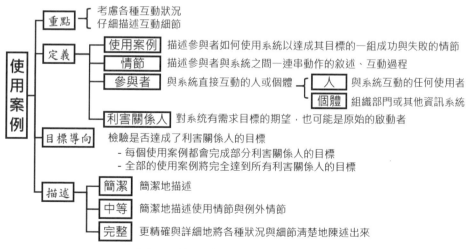

圖 1　使用案例描述的知識地圖

6-10 撰寫使用案例(2)

1. 使用案例描述形式

　　使用案例包括如圖1.所示的簡略（brief）、中等（medium）、詳細（detail）三種描述的形式。通常在專案初期會以簡略或中等的方式描述使用案例，而需求收集後就需要採取完整方式描述使用案例。

　　雖然 UML 並沒有規範使用案例的描述方式與內涵，但是詳細描述是最正式也是最完整的使用案例描述形式，內容可以包含下列元素：

(1) 使用案例名稱：描述使用案例的名稱，必須與事件表的使用案例名稱一致，並搭配編號方便尋找與整理。

(2) 描述：簡要說明使用案例的內容，適切地表達執行的用途。

(3) 主要參與者：與系統互動的使用者、部門或其他系統。包括主要參與者（primary actor），以及支援參與者（supporting actor）。

(4) 利害關係人與目標：說明與使用案例相關的利害關係人與所要達成的目標。可以利用這些目標檢視使用案例的情節及後置條件是否達成此目標，或是依據這些目標制定使用案例需要完成的工作。

(5) 假設（assumption）：當某些行為必須由另一個使用案例處理，才能允許參與者執行此使用案例時，必須將這些條件指定為假設。

(6) 前置條件（pre-condition)：使用案例執行前須滿足的條件，只有當這些條件為真，使用案例才能開始執行。和透過其他使用案例處理的假設不同，前置條件由包含前置條件的使用案例檢查。

(7) 後置條件（post-condition)：使用案例執行之後必須完成的條件。後置條件表示使用案例在結束之前必須處理的項目，可能是正常或異常事件的一部分。例如，在完成交易後，將建構的物件回收，並將異動紀錄加到系統日誌中。

(8) 主要流程（primary flow）：完成作業的流程與步驟，也就是主要成功的情節。建議可採取用來描述商務流程架構（Business Process Architecture，BPA）抽象表達細部作業的基本商務流程（Elementary Business Process，EBP）來描述這些細部動作。

(9) 例外情節（exception）：描述例外發生時所產生的動作。例外通常會引發執行替代流程（alternative flow）或例外流程（exception flow）。

(10) 其他需求：描述這個使用案例的其他需求，例如法規、政策或設備等。

2. 撰寫原則與步驟

　　使用案例是以一系列簡單的步驟描述，如同程式循序執行的方式，一步一步地將參與者使用系統的過程敘述出來。因此，內容的敘述就如同程式語言具備

圖1　使用案例描述的形式

的循序（sequence）、條件（condition）與重複（repetition）三個基本流程方式一樣。如圖 2. 所示，Kenworthy E. 在 1997 年提出了以易於理解的敘述方式編寫使用案例的步驟[註4]：

(1) 確定誰將直接使用該系統。這些都是參與者。

(2) 選擇其中一位參與者，定義參與者希望系統做什麼。這一個參與者做的每一件事都是一個使用案例。

(3) 對於每一個使用案例，決定參與者使用系統時最常的事件過程。這是基礎流程。

(4) 在使用案例中描述該基礎流程。使用獨立於現實的術語（implementation-independent terms）描述參與者做什麼，而系統又回應了什麼。描述基本流程時，考慮事件的替代流程並為其添加延伸的使用案例。

(5) 識別使用過程中的所有共通性，以建立通用過程的使用案例。

(6) 對其他參與者重複 (2)～(5) 的步驟。

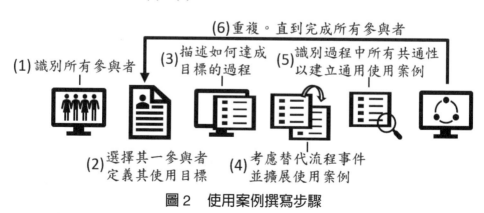

圖2　使用案例撰寫步驟

[註4]　Still, B., & Crane, K. (2017). *Fundamentals of user-centered design: A practical approach.* CRC press.

6-11 RUP需求分析方法

物件導向的需求分析方法是在系統開發前，進行了需求調查與資料收集以後，依據物件導向的思維來分析問題。

1. 處理問題的原則

用物件導向方法對需求收集結果進行分析處理時，一般依據以下幾項原則：

(1) 抽象（abstraction）：為了某一分析目的而專注研究物件的某一性質，而忽略其他與此目的無關的部分。

(2) 封裝（encapsulation）：在確定系統的某一部分內容時，應考慮到其他部分的資訊及聯繫都在它的內部進行，與外部之間的資訊聯繫應盡可能少。

(3) 繼承（inheritance）：不必重複定義，可直接獲得既有事物的性質和特徵，並再據以擴充其性質與特徵。透過需求分析過程，找出事物之間的共同資訊（屬性）和行為（操作），規劃為類別／物件，然後擴充這些屬性及操作為特定的類別／物件，減少系統實作過程中的重複作業、降低系統複雜度、提高系統的穩定性。

(4) 關聯（association）：將某一時刻或相同環境下發生的事物聯繫在一起。

(5) 溝通（communication）：在類別／物件之間資訊（訊息和資料）的傳遞方式。

(6) 組織（organization）：如圖 1. 所示，依據下列考量，定義各個類別／物件之間關係層級：
   a. 特定類別／物件與其屬性之間的區別。
   b. 不同類別／物件的構成及其差異。
   c. 整體物件與相應組成部分物件之間的區別。

(7) 比例（scale）：運用整體與部分原則輔助處理複雜問題的方法。

(8) 行為類型（categories Of behavior）：針對被分析的事物，常見的行為包括下列三種類型：
   a. 基於直接因果關係。
   b. 發展歷史（隨時間變化）的相似性。
   c. 功能的相似性。

2. 基本步驟

RUP 物件導向方法具體分析一個事物時，如圖 2. 所示，除了最主要的使用案例描述需求之外，大致會進行確定系統的邏輯與程序模型兩個步驟：

(1) 確定系統的邏輯模型：需求分析邏輯模型主要的元件為類別／物件，以及系統結構。

a. 確定類別和物件。類別是物件的屬性和方法集合的描述，以及如何建構一個新物件的描述。物件是指資料及其處理方式的抽象，其反映了系統保存和處理現實世界中某些事物資訊的能力。

b. 確定結構。結構是指問題領域的複雜性和連接關係。類別成員的結構反映了一般化與特殊化的關係；整體 - 部分結構反映了整體和局部之間的關係。

(2) 確定系統的程序模型：繪製視圖。例如依據 RUP 程序觀點所繪製的活動圖、循序圖（或溝通圖）。

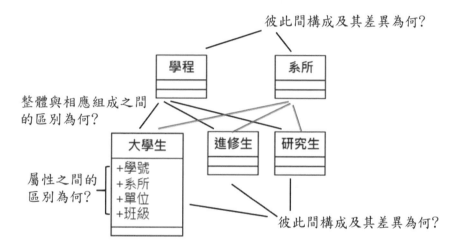

圖1　分析類別／物件內部與彼此間的關係

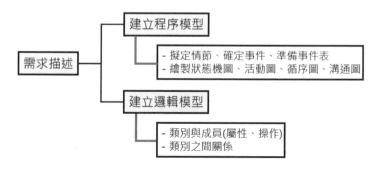

圖2　RUP 物件導向系統分析的基本步驟

6-12 建立邏輯模型的類別(1)

1. 類別的塑模

類別的塑模分析步驟如下：

(1) 尋找出需求中的名詞（候選概念類別）。

(2) 合併含意相同的名詞，排除範圍以外的名詞，並尋找隱含的名詞。

(3) 去掉只能作為類別屬性的名詞。

(4) 剩下的名詞就是要找的分析類別（候選概念類別）。

(5) 根據常識、問題領域、系統責任確定該類別有哪些屬性。

(6) 補充該類別的動態屬性，如狀態、物件之間的關係（如聚合、關聯）等屬性。

(7) 撰寫每個類別的分析文件與繪製（初步）類別圖。

2. 類別的識別

識別概念類別（或稱初步類別）有許多方式，包括腦力激盪法、經驗法、使用既有模型加以修改、依據概念類別列舉法等，通常都只有原則，沒有標準。比較可靠的是採用名詞片語法。

名詞片語法依據由文字描述的需求說明文件內容，是由名詞、動詞、形容詞等規則組合而成，名詞一般會被識別為類別或屬性，形容詞一般被識別為屬性，動詞則一般會被識別為操作。一個名詞應該被識別為類別還是屬性，與該功能的作業有很大的關係。通常，如果一個名詞有另外的名詞作為附屬，或有包含一個以上的動詞，那麼該名詞就是類別。

例如透過表 1. 使用案例中描述的名詞片語，找出如表 2. 所述的概念類別與屬性。

表 1　使用案例

主要成功情節：
1. 當學年度的**學期**開學之前，老師要決定開課的科目，並提供學生選課。
2. 老師會操作系統，提交科目名單並各別建立**課程大綱**。
3. 學生上網選課程時會輸入**學號**與**密碼**，學號與密碼檢驗正確後，進入修課課程選擇主畫面。
4. 系統於修課課程選擇主畫面讀取該學生的基本資料，並顯示在畫面，包括學號、**姓名**、**系所**、**年級**。並依據所屬系所讀取有開課的**課程名單**，預設**必修課程**自動選擇修課。其餘**選修課程**則可由學生自行選擇是否修課。必修與選修學分數必須符合學校規定的上限。
5. 選點修改按鍵可進行修改或刪除選修之課程，並顯示修課明細。修改後選點存檔，或刪除時選點刪除按鍵，系統提示確認訊息後完成作業回到修課課程選擇主畫面。
6. 修課課程選擇主畫面選點確認按鍵後，系統將此登入學生**選課明單**的所有必、選修課程分別寫入修課檔案內。

表2　概念類別與屬性列表

名詞	識別說明	結果 （是否為概念類別）
學期	基本背景資料。控管學生、老師、課程及相關活動的特定時間區間。	是。可作為學年度的下層類別。
老師	負責開課與授課的主要實例。重要。	是
科目	開課科目紀錄。重要。	是
課程大綱	課程的屬性，具備多個內容的陣列特性。	否
學生	學生個體。重要。	是
學號	學生屬性。	否
密碼	學生屬性。	否
姓名	學生屬性。	否
系所	學生屬性。	否
年級	學生屬性，可由學號判斷，但須考慮休學後復學、降轉的學號，因此需作為獨立存在之屬性。	否
開課的課程名單	選課作業依據系所開課科目動態產生的明細資料。	否
必修課程	科目屬性。	否
選修課程	科目屬性。可與必修合併以代碼表示。	否
學分	科目屬性。	否
學分上限	學生科目屬性。	否
選課明單	學生確定選擇修習的各科目紀錄。	是

6-13 建立邏輯模型的類別(2)

　　如圖 1. 所示，需求分析階段概念模型定義使用案例的類別，並將設計細節加入，包括屬性或操作（如果產出是初步類別圖，則可忽略操作，而專注在類別的屬性與多重性關係）。以作為後續系統設計時產生設計類別圖，並提供互動圖的定義與確認。

　　類別是物件導向程式設計最基本的單元，類別與物件之間的關係，與類別包含的成員如圖 2. 所示。物件導向設計中，先定義類別，後續的實做才能將類別建構成物件。類別與成員的判斷方法如下：

1. 類別的判斷方法

　　接續前一節類別的識別原則，決定概念類別之後，可以再加上下列一些協助類別的檢核判斷：

(1) 如果存在需要儲存、分析或處理的資訊，那麼該資訊可能就是一個類別，這裡講的資訊可以是概念，或是發生在某一時間點的事件或事務。

(2) 如果有外部系統，則可以將該系統視為一個類別，然後再近一步判斷該類別是本系統所包含的類別，還是與本系統互動的類別。

(3) 如果有樣板、程式庫、元件等，可以將其作為類別。

(4) 與系統相連的任何設備都要有對應的類別，包括連結使用的中介元件都應視為類別，再透過這些類別連結設備。

(5) 在資訊系統中使用的團體、單位或組織等機構，通常作為類別。

(6) 系統中的角色，例如顧客、管理員、系統操作員等，通常也是作為類別。

2. 屬性的判斷方法

　　尋找出來待確定類別經過反覆整理、篩選，最後確認系統作業所需的類別。類別的屬性是類別內部的資料，源自需求中的名詞或形容詞，代表類別不能再分解的一個描述特徵，且不會單獨存在應用領域中。如果需求分析時，類別有些屬性不確定是否必要時，如果該類別缺少了某一個屬性，便不能保持類別語義的完整性，就是判斷類別是否應該具備該屬性的依據。尋找屬性時，可以參考下列的考量原則：

(1) 依常識判斷這個物件有哪些屬性？

(2) 在當前問題領域，該物件應具備哪些屬性？

(3) 根據系統的作用，此物件應擁有哪些屬性？

(4) 為了實現某些功能，或解決什麼問題，物件需要涵蓋哪些屬性？

(5) 物件有哪些區別的狀態？

(6) 決定那些屬性是屬於物件的整體還是部分？

3. 操作的判斷方式

　　類別的操作，也就是類別內部的方法（method）、函數（function），用來操作屬性或進行其他動作。操作的簽章包括修飾語（modifier，例如公用、私用、抽象的宣告）、回傳值型態、名稱、參數。決定操作也要從類別的實例，也就是物件的角度判斷：

(1) 從需求中的功能尋找物件的操作。

(2) 屬於系統行為層面的功能，可以到設計階段再做考量。

(3) 根據系統責任，決定此物件應該有哪些操作。

(4) 依據分析物件的狀態轉換，來尋找所需的操作。

　　至於，類別本身要使用哪些操作來存取私用的資訊，在需求分析階段可以先暫不考慮。

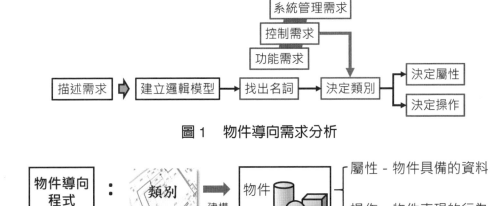

圖1　物件導向需求分析

圖2　物件導向類別與物件之成員

6-14 建立程序模型

　　軟體程序是整個軟體生命週期中，一系列依序的軟體生產活動流程。為了能有效率地開發一個高品質的軟體系統，通常把軟體生命週期中各項開發活動的流程用一個合理的框架來規範描述，這就是程序模型（process model）。程序模型是從一個特定的角度，將系統劃分成各個階段的執行順序，並採用直觀的視圖表達系統的過程。程序模型執行的項目包括：

(1) 擬定情節（scenario）：使用案例是抽象的功能需求，具體到實際運行中的使用案例則表現為情節形式。動態分析從尋找情節的事件開始，然後確定各物件可能的事件順序。執行的細節與演算法設計模型的一部分，在分析階段可以先不考慮。

(2) 確定事件（event）：確定所有外部事件。事件包括所有來自或發往使用者的資訊、外部設備的信號、輸入、轉換和動作，可以發現正常事件，必須不能遺漏條件和異常事件。

(3) 準備事件表（event table）。把情節表示成一個事件表，也就是不同物件之間的事件排序表，給每個物件分配一個獨立的欄位（column）。

(4) 可考量進一步繪製狀態機圖、活動圖、循序圖、溝通圖。

1. 狀態機圖塑模的分析步驟

　　模型中的每一個物件都一定擁有狀態，狀態機圖可以表示物件生命週期中，不同時間點的狀態改變。如果物件是狀態控制物件（state controlled object），表示物件接收訊息後，會因不同狀態產生不同行為。狀態機圖塑模的分析步驟建議如下：

(1) 確定系統狀態控制物件。
(2) 確定物件的起始狀態和結束狀態。
(3) 在物件的整個生命週期尋找有意義的控制狀態。
(4) 尋找狀態之間的轉換。
(5) 補充引起轉換的事件。
(6) 繪製狀態機圖，並依需要撰寫說明文件。

2. 活動圖塑模的分析步驟

　　活動圖塑模的分析步驟建議如下：
(1) 在收集的原始需求中找出重點流程。
(2) 確認設計的活動圖是針對商務流程還是使用案例。
(3) 設計活動過程的起點和終點。
(4) 找出活動圖的所有執行物件。

(5) 確認活動的節點，並根據執行物件進行活動分組：
　　a. 如果對使用案例，則把角色所發出的每一個動作視爲活動節點。
　　b. 如果對商務流程，則把每一個流程步驟（或片段）視爲活動節點。
(6) 確定活動節點之間的轉移。
(7) 考慮活動節點之間的分支和合併。
(8) 考慮活動節點之間的分岔和會合。
(9) 繪製活動圖，並依需要撰寫說明文件。

3. 循序圖塑模的分析步驟

　循序圖塑模的分析步驟建議如下：
(1) 先完成使用案例圖的細部分析。
(2) 對每一個使用案例，識別出參與基本事件流程的物件（包括介面、子系統、角色等）。
(3) 識別這些物件是主動物件還是被動物件。
(4) 識別這些物件發出的是同步訊息還是非同步訊息。
(5) 從主動物件開始向接收物件發送訊息。
(6) 接收物件執行自己的服務並回傳結果。
(7) 如果接收物件需要呼叫執行其他物件的服務，則需要向其他物件再發送訊息。
(8) 最後回傳給主動物件有意義的結果。
(9) 繪製循序圖，並依需要撰寫說明文件。

4. 溝通圖塑模的分析步驟

　循序圖和溝通圖是一體兩面的視圖。循序圖強調生命線之間物件的功能呼叫與訊息交換；溝通圖則是聚焦於內部結構生命線之間的互動和訊息傳遞的過程。因此溝通圖的分析步驟相同於循序圖。

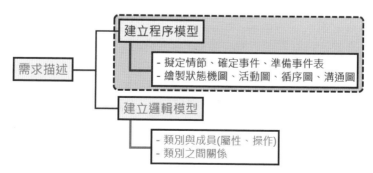

圖 1　建立程序模型的主要執行項目

6-15 系統循序圖

系統循序圖（System Sequence Diagram，SSD）描述的是在系統整體或是特定使用案例情節的外部參與者、內部系統、以及雙方的事件訊息傳遞。系統循序圖用來表現與系統互動的外部參與者以及參與者引發的系統事件。系統循序圖中，將系統的應用都看作黑箱，不關心其內部的細節，只關心從參與者到系統之間跨越系統邊界的事件。

系統循序圖描述系統成功或者一些複雜的情節，而使用案例是使用者利用系統實現特定目標的一系列成功或失敗情節的文字敘述。因此，系統循序圖是基於使用案例建立起來的，可以將其視爲使用案例的延伸。

1. 主要要素

UML 沒有直接定義系統循序圖，系統循序圖就是一種把系統應用當做黑箱的一個循序圖，主要包括如圖 1. 所示的四項元素：

(1) 參與者：人形符號表示利用此系統並引發系統事件的外部參與者。

(2) 系統物件：一般是與使用案例相關的邊界類別、類別的實例等。標示時不須標明物件名稱，只須標示類別名稱爲「:System」的無名物件（名稱前具備冒號，表達爲類別）。

(3) 生命線：用一條向下的虛線表示物件的存在時間。

(4) 框架：一個矩形框，表示整體系統動作的循環。

在系統循序圖中，一般描述的是系統在主要成功情節下的訊息傳遞，且時間順序是自上而下的，事件的順序必須遵循時間在使用案例情節中的順序。如圖 2. 所示的範例，繪製系統循序圖的原則和循序圖的規範相同，特別要注意三個基本原則：

(1) 系統操作名稱不要使用中文命名：命名慣例是動詞 + 名詞，第一個單字全部小寫，第二之後的單字字母大寫，單字若太長，就善用通俗的簡寫（也就是避免只用自己知道的簡寫）。例如：getDate( )、makeOrder( )、setUserInfo( )。

(2) 系統操作的參數：在分析初期很不容易確定操作需要傳入那些參數，但是系統分析師仍應盡可能考量可能的參數，這樣可以加強規格文件的完整性，並提供後續類別圖的繪製。

(3) 回覆訊息：回覆訊息是執行操作後的回傳值，不是操作執行的輸出資料。

2. 系統循序圖與循序圖比較

　　雖然系統循序圖源自於循序圖，兩者在圖形繪製上有很多類似之處，但是在表達的目的上仍有許多差異：

(1) 系統循序圖是使用案例的可視化；而循序圖則是物件方法的可視化。

(2) 系統循序圖的物件是參與者以及系統；而循序圖是系統內的物件。

(3) 系統循序圖傳遞的訊息是參與者與系統之間的操作，可以是一個具體網路要求的方法呼叫，也可以是抽象的行為；而循序圖的傳遞的訊息，是具體執行的操作（所以物件必須包含訊息表示的操作）。

(4) 系統循序圖是使用案例的延伸，用於幫助分析使用案例中參與者與系統的互動行為；而循序圖則是類別的延伸，用於幫助分析某個類別中的具體操作。

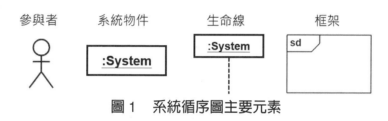

圖 1　系統循序圖主要元素

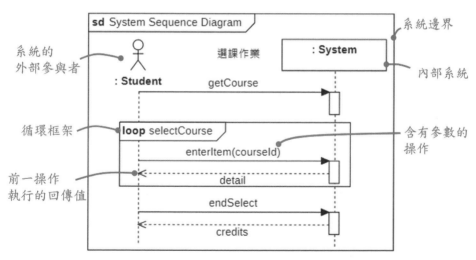

圖 2　系統循序圖範例

6-16 操作合約

操作合約（Contract）主要是依據先前發展的概念模型，將文字敘述的使用案例說明轉換成系統循序圖及類別的操作。

早期描述系統規格時，使用數學前置條件（pre-conditions）與後置條件（post-conditions）的概念，描述程式的啟動與結束狀況。Eiffel 物件導向程式語言的發明人 Bertrand Meyer 將其稱爲合約設計（Design by Contract，DBC）[註5]。操作合約即是應用前置與後置條件的描述，表達某一個操作會達到什麼目的的文件。如圖 1. 所示，操作合約是強調將發生什麼事情，而不是如何完成事情。一個操作合約是以前置與後置條件的狀況改變來表示，可以運用在整個系統的高階系統操作，也可以是某個獨立類別的操作。

1. 操作合約的組成

通常操作合約的格式是宣告式的描述，內容可以包括下列部分（section）：
(1) 名稱（name）：操作的名字，以及傳入的參數。
(2) 責任（responsibilities）：使用非正式的文句描述此操作必須完成的責任。
(3) 類型（type）：操作的類型，例如概念、程式類別、介面等。
(4) 交互參照（cross references）：使用案例的名稱，或是操作發生的地方。
(5) 註解（notes）：設計的註解、演算法的說明等。
(6) 例外（exceptions）：例外的狀況。
(7) 輸出（output）：非人機介面的輸出，例如傳送到系統外部的訊息或資料。
(8) 前置條件（pre-conditions）：執行此操作前，系統應該處於哪種狀態。
(9) 後置條件（post-conditions）：執行完成此操作後的系統狀態。

2. 如何找出操作合約

爲每個使用案例建立操作合約，可以參考下列建議的次序：
(1) 從系統循序圖確認出系統操作。
(2) 爲每個系統操作建立一個操作合約。
(3) 先從合約的責任部分開始，非正式地描述此操作的目的。
(4) 接續撰寫後置條件，明確地描述在概念模型中的物件，完成操作後，會有哪些狀況改變。
(5) 使用下列分類方式，描述後置條件：

[註5] Meyer, B. (1997). *Object-oriented software construction* (Vol. 2, pp. 331-410). Englewood Cliffs: Prentice hall.

a. 物件的建構與解構。

b. 屬性的變動。

c. 關聯的形成與移除。

3. 操作合約與其他文件的關係

如圖 2. 所示，操作合約與其他文件的關係。使用案例提示了系統事件與系統循序圖，透過系統循序圖可以確認出系統操作。依據這些系統的操作對系統的作用，便可將其描述於操作合約中。

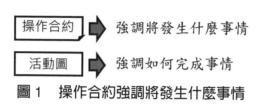

圖 1　操作合約強調將發生什麼事情

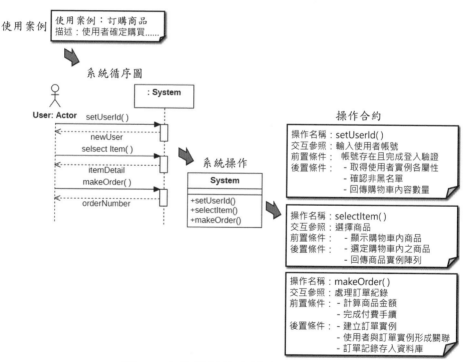

圖 2　合約與其他文件之間的關係

6-17 系統需求規格的撰寫

1. 需求內涵

系統需求規格（SRS）分為功能需求與非功能需求兩個部分。實務上，可將需求對應由惠普公司 Robert Grady 及 Caswell 提出，之後由 IBM 擴充的 FURPS+ 模式，分別代表功能（Function）、易用性（Usability）、可靠度（Reliability）、效能（Performance）、可支援性（Supportability），加號表示其他，用來強調各種不同的屬性[註6]。

(1)功能：能力（capability，功能集的大小和通用性）、可重用性（reusability，兼容性、互通性、可移植性）、安全性（security）和利用度（exploitability）。

(2)易用性：人因（human factors），美學（aesthetics），一致性（consistency），文件（documentation），回應速度（responsiveness）。

(3)可靠度：可用性（availability，包括故障頻率、強健性、耐用性）、故障範圍和復原時間（MTTF）、可預測性（predictability，穩定性）、準確性（accuracy，包括錯誤發生的頻率與嚴重性）。

(4)效能：速度、效率、資源消耗（包括電力、記憶體、快取等）、流通量（throughput）、容量（capacity）、可擴展性（scalability）。

(5)支援性：可測試性（testability）、彈性（flexibility，包括修改性、配置性、適應性、擴展性、模組化）、可安裝性（installability）、在地化（localizability）。

(6)其他：加號可以指定下列 4 種約束（constraint）：
- 設計約束：設計的限制，例如記憶體的限制。
- 實作約束：對程式碼或執行環境的限制，例如標準、平台或程式語言的限制。
- 介面約束：與外部系統互通的要求。
- 實例約束：系統的硬體的限制，例如形狀、大小、重量、溫度、溼度等。

2. 格式

需求規格書撰寫時，格式並沒有一定的規範，主要是必須涵蓋功能與非功能需求的描述，且遵循一定的格式，確保用語的一致，專有名詞附上原文名稱或縮寫，儘量避免口語化的表述，在最後可以附上訪談的紀錄，並說明處理方式。

[註6] Wikipedia. (2021, 10). FURPS. Retrieved 4 Jan, 2022, from https://en.wikipedia.org/wiki/FURPS

　　此外，有時還會加上效能需求，例如同時上線的壓力需求，或是資源、成本分析與等。最後附上專有名詞解釋、命名規則等說明，以及需求調查的資料整理，就完成需求規格書撰寫的階段。

　　需求規格書完成後，就進入系統分析最後的活動：擬定可行性方案與專案管理者（project manager，PM，亦稱為專案經理）確認。可行性方案：包括系統發展的優先次序、自行開發或委外的建置方式、軟硬體租賃還是採購的方案等等。專案管理者依據人力、設備等資源的配置、時程的安排、成本利潤等因素，甚至依據需求識別潛在風險，這些都必須交由專案管理者綜合考量其效益，做出最後的決策。

　　有關系統需求規格的撰寫，可以參考專案管理教育訓練及顧問服務公司－Kris 專案管理學院提供免費的參考範本，網址為：https://www.krispmschool.com/blog/swdev/software-srs/。

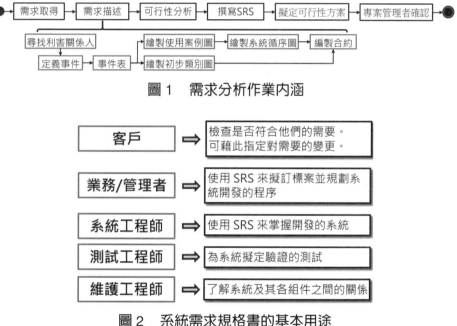

圖1　需求分析作業內涵

圖2　系統需求規格書的基本用途

6-18 系統需求規格書內容建議項目

1. 產品路線圖

如圖 1. 所示，產品路線圖本質上是用來提供策略規劃，無論是生產線的產品，還是系統開發的分析與設計。就資訊系統開發的角度：

(1) 對於客戶而言，產品路線圖就是開發管理的代名詞，提供客戶提出需求，並由系統分析師依據目標規劃解決方案。

(2) 對於專案而言，產品線路圖提供專案成員明確的目標認清現實、分享問題以及相互學習。

依據產品路線圖的策略，以及本單元各節所介紹的需求分析方法、內涵，非常適合借重產品路線圖的特徵，作為撰寫系統需求規格書的參考。

2. 需求規格書建議項目

回顧本章系統需求分析主要執行的程序，進行系統需求規格書的編寫作業。建議系統需求規格書的章節，可以參考下列項目，再依據系統目標特性、執行開發的方式的差別，增減調整章節的項目。並搭配第 6-17 節所提之需求內涵與格式進行撰寫：

(1) 說明
   a. 目的
   b. 文件規範：例如各類字型意義、術語等。
   c. 預期的讀者和閱讀建議。
   d. 產品的範圍。
   e. 專案成員。

(2) 整體描述
   a. 產品目標。
   b. 產品功能。
   c. 使用者類型和特徵。
   d. 運行環境。例如主機、雲端、備份、負載平衡等。
   e. 限制。例如設計、設備和實作的限制。
   f. 軟體品質屬性。
   g. 假設和依賴。

(3) 外部介面需求
   a. 使用者介面。
   b. 硬體介面。
   c. 軟體介面。
   d. 通訊介面。

(4) 系統特性
　　a. 系統說明和優先權。
　　n. 觸發與回應順序。
　　c. 功能需求。
(5). 非功能需求
　　a. 性能需求。
　　b. 安全設施需求。
　　c. 資訊安全需求。
　　d. 軟體品質需求。
　　e. 商務運行規則。
　　f. 服務水準。
　　g. 風險規劃。
(6) 其他需求
(7) 附錄
　　a. 詞彙表。
　　b. 分析模型。
　　c. 待釐清問題列表。
　　d. 參考文獻。

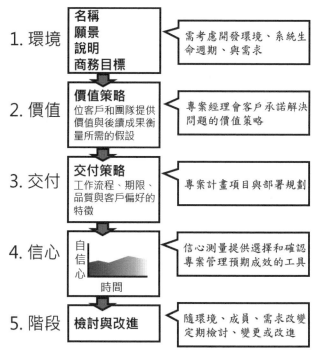

圖1　產品線路圖

二、系統設計階段

6-19 系統設計

1. 概述

物件導向設計（OOD）方法主要是進一步規範、整理系統分析的結果，以便能夠執行物件導向程式（OOP）的撰寫。如圖 1. 所示。OOD 的系統，通常包含下列作業：

(1) 進一步細化（refine）物件的定義規格：對於物件導向系統分析（OOA）抽象出來的物件、類別，以及彙集的分析文件，為有效進行 OOP 的實作撰寫階段，必需要有一個整理和精益求精的 OOD 過程。OOD 是以 OOA 階段產生的分析模型中所有類別進行分析，細化類別屬性、操作，完整各類別之間的關係。

(2) 資料模型和資料庫設計：資料模型的設計需要確定類別、物件屬性的內容、訊息連接的方式、系統存取的方法等。確定每個物件實例的資料都能夠對應到資料庫的結構模型中。

(3) 最佳化（optimization）：最佳化設計的作業，是從不同角度對分析結果和處理商務流程的歸納整理，包括類別和系統結構的抽象、整合最佳化。

2. 物件導向設計準則

OOD 是將分析階段的需求轉變成符合時間、預算和品質的系統實現方案。從 OOA 到 OOD 是一個逐漸擴充模型的過程。

OOD 包括下列 5 個基本準則：

(1) 模組化（modulization）。模組是將一個系統按功能分解為多個具有獨立性，也具有相互關聯的組成部分。無論是傳統結構化方法，還是物件導向系統開發方法，都支援將系統分解成模組的設計原則。物件導向系統開發方法甚至將每一物件都視為模組－將資料結構和操作這些資料的方法，緊密地結合在一起所構成的模組。

(2) 抽象（abstraction）。物件導向系統開發方法不僅支援程序抽象（Procedural abstraction），而且支援資料抽象（data abstraction）。

(3) 資訊隱藏。在物件導向系統開發方法中，透過物件的封裝來實現資訊隱藏。

(4) 低耦合（Coupling）。耦合是指不同模組之間相互關聯的程度。低耦合是 OOD 一個重要的要求，使得系統中某一部分的變化對其他部分的影響降到最低程度。耦合度越高，模組之間的依賴性也就越強，軟體的可維護性、可擴展性和可複用性就會相對地降低。

(5) 高內聚（Cohesion）。內聚表示一個模組的獨立性，當這個模組可以獨力完成工作，就表示重複使用時，具備越高的內聚，就越不需要擔心影響到其他模組。內聚包括：類別內聚力、操作內聚力與聚合（aggregation）內聚力三種層面，各層面的程度請參見 1-2 節的介紹。

在程式設計中，如果兩個不同函數存取了同一個全域變數，它們之間就具有了非常強的耦合度，如果它們都沒有存取全域變數，則使用的資訊就是由呼叫函數時傳遞的資訊來決定。函數呼叫時，函數參數包含的資訊越多，函數和函數之間的耦合度越大。在物件導向的程式語言中，類別與類別之間的耦合是依據類別之間相互發送的訊息及訊息的參數來決定。

3. 物件導向設計的原則

OOD 有必要的設計準則，也有期待能夠符合的原則。原則雖然非 OOD 必備的要求，但要能具備良好的設計水準，還是建議能夠達成：

(1) 設計結果清晰、易懂、易讀。要達到此原則的方式是做到：
　a. 一致的用語。
　b. 統一使用的規範。
　c. 避免模糊的定義。
(2) 聚合結構的深度應適當。
(3) 精簡類別的設計。避免過度複雜，儘量設計小而簡單的類別：
　a. 避免包含過多的屬性。
　b. 具備明確的定義。
　c. 簡化物件之間的合作關係。
　d. 不要具備過多的操作，同時操作的名稱也儘量簡短。
(4) 訊息傳遞的參數盡量單純。一般來說，訊息中的參數儘量不要超過 3 個。

圖 1　系統分析作業

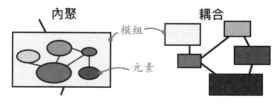

圖 2　系統設計須符合低耦合與高內聚的基本準則

6-20 MVC架構模式

1. 架構模式

依據資料運作的角度而言，一般資訊系統架構可以簡化如圖 1. 所示的 3 個層面：

(1) 展現層：就是使用者介面。

(2) 應用層：系統程式主要執行的功能，也就是要處理的商務邏輯。程式的執行包含三個主要元素：資料錄（Record）、邏輯定義（Definition）與流程（Procedure）。

(3) 資料存取層：負責儲存資料的儲存體（Repository），通常採用資料庫系統處理。

依據 UML 類別圖，對照到系統運作的角度，則是表達為圖 2. 所示的圖形：

2. MVC架構模式

MVC 模式（Model–View–Controller）是軟體工程中的一種軟體架構模式，把軟體系統分為三個基本部分：模型（Model）、視圖（View）和控制器（Controller）。MVC 模式最早由挪威的 Trygve Reenskaug 在 1978 年為圖形使用者介面（Graphic User Interface，GUI）制定的一種軟體架構[註7]。MVC 模式的目的是實現一種動態的程式設計，簡化後續程式的修改和擴充，並且使程式某一部分的重複利用成為可能。除此之外，此模式透過對複雜度的簡化，使程式結構更加直覺。軟體系統透過對自身基本部分分離的同時也賦予了各個基本部分應有的功能。MVC 模式將系統分割成三個邏輯的元件，在系統設計時定義它們之間的相互作用：

(1) 模型（Model）：用於封裝與應用程式的業務邏輯相關的資料以及對資料的處理方法。程式設計師編寫程式應有的功能（實現演算法等等）、資料庫專家進行資料管理和資料庫設計（可以實現具體的功能）。「Model」不依賴「View」和「Controller」，對資料具有直接存取的權利。

(2) 視圖（View）：圖形介面的設計，實現資料有目的的顯示。為了實現「View」上的重新整理功能，「View」需要存取它監視的資料模型「Model」，因此應該事先在被它監視的資料進行註冊。

(3) 控制器（Controller）：負責轉發請求，對請求進行處理。「Controller」能

[註7] To, L. R. G., & Reenskaug, T. (1979). THING-MODEL-VIEW-EDITOR an Example from a planningsystem.

實現不同層面之間的組織作用，用於控制應用程式的流程，處理事件並作出回應。

基本而言，MVC是由三個「概念」所構成，可以用在各種的程式語言當中，例如使用 Java 進行網頁開發時，JSP 作為 View 的顯示；JavaBeans 處理資料的運作邏輯；Servlet 則是負責實現控制 Model 和 View。不過 MVC 並沒有明確的定義，使用 MVC 需要精心的規劃。由於它內部原理比較複雜，所以需要花費一些時間去思考，這也是其主要的缺點。

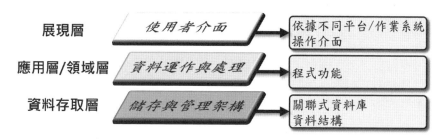

圖1　資料運作的角度的系統架構

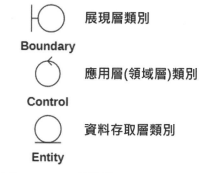

圖2　UML 類別的 ECB 圖形符號

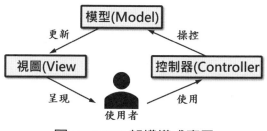

圖3　MVC 架構模式應用

6-21 設計階段的循序圖

分析階段已針對外部環境與系統的關係繪製了初步類別圖與系統循序圖。設計階段的類別圖著重操作的細化；循序圖則著重於系統內部物件之間互動的描述。透過循序圖物件之間操作的執行，詳實地表達類別之間的互動關係。

1. 分析與設計的過程

如圖1.所示，系統設計階段時，將系統需求與分析階段產出使用案例的描述、初步類別圖和系統循序圖整合，考量各類別／物件之間關係與分析撰寫的合約（contract），繪製設計階段的循序圖，或是和循序圖一體兩面的溝通圖。後續再依據循序圖與定義出各類別完整之屬性與操作，進一步定義展現層（使用者介面）和資料存取層（系統儲存結構，例如資料庫），作為實作階段程式撰寫依據。

圖1 分析與設計過程的循序圖

2. 設計步驟

設計階段的循序圖基本可參考下列三個步驟：

(1) 選定一個系統的操作，判斷需要哪些物件來完成該操作，並將物件置於循序圖前端。

(2) 決定此系統操作所有傳遞的訊息。並決定每一個訊息由哪一個物件發出，又由哪一個物件接受來執行此一操作。

(3) 循序圖內加入展現層與資料存取層的物件。

3. 易犯錯誤

循序圖繪製時，因圖型使用的誤解，可能會有下列誤用的狀況發生：

(1) 參與者與物件的互動：如圖2.所示，參與者代表實際的人或外部系統，並非系統內部的程式，理論上不應該直接呼叫訊息執行系統的操作。應可參考圖2.右方的圖示使用傳遞參數的方式，由系統內部自行決定執行的程式。

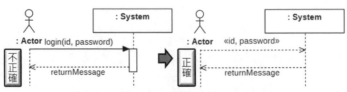

圖2 參與者與物件互動的錯誤

(2) 控制焦點：控制焦點代表訊息執行操作的時間長短，如圖 2. 所示，由 classA 類別在一個控制焦點執行範圍內，呼叫執行 classB 的操作，應該是一個操作對應一個控制焦點。

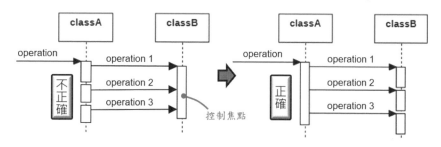

圖 3　訊息焦點使用的錯誤錯誤

(3) 訊息的發出與接收：發出的訊息一定會存在控制焦點，如在 ClassA 同一操作之下，分別發出 operation 1 和 operation 2 兩個訊息，則這兩個訊息的控制焦點一定會在同一個。

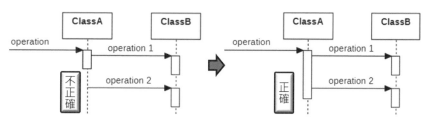

圖 4　訊息傳遞沒有起始的錯誤

　若 ClassA 發出訊息執行 ClassB 的操作，而 ClassB 也發出訊息呼叫執行 ClassA 的操作，因為 operation 1 和 operation 2 是雙方各別發出訊息，ClassA 接收執行的操作不應在同一控制焦點上。

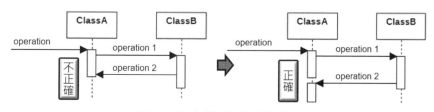

圖 5　訊息傳遞呼叫的錯誤

6-22 設計階段的類別圖

　　系統分析階段產出的初步類別圖（或稱領域模型），在系統設計階段完成循序圖之後，就可以將類別圖補充完整。初步類別圖與設計階段的類別圖主要差異包括三個方面：

1. 完整屬性表達

　　初步類別圖的重點是決定類別應具備那些屬性，所以通常僅標示屬性名稱；但在設計時的類別圖就必須盡可能表達完整。確定應具備完整屬性的方式是確定在問題空間和解決空間出現的全部物件及其屬性。UML 完整的屬性標示包括（請參見 4-4「類別」一節的介紹）：

[可視度] 屬性名稱 [: 類型][= 預設值][{ 限制條件 }]

2. 增加操作宣告

　　初步類別圖通常不會決定出類別具備哪些操作，也就是類別內部的方法。但在設計階段，就必須對照循序圖與操作合約加入類別的操作，如圖 1. 所示，UML 完整的操作標示方式表達。

[可視度] 操作名稱 [（參數 : 資料型態 , ...)][: 回傳值型態][{ 限制條件 }]

　　設計時思考加入於每個物件的操作，並反覆推演最佳化。建議找出操作的過程如下：
(1) 從需求中的動詞、功能或系統責任中找出類別的操作（候選操作）。
(2) 從狀態轉換、流程追蹤、系統管理等方面補充類別的操作。
(3) 對所找出的操作進行合併、篩選。
(4) 對所找出的操作在類別之間進行合理分配（職責分配），形成每個類別的操作。

3. 調整類別關係

　　初步類別圖主要是描述各個類別之間的關係，著重關係之間的多重性關係（數集 cardinality 與必備 modality）；如圖 2. 所示，設計階段需要將類別之間的關係做更進一步的表述：
(1) 連結線可以改為具方向的導航箭號（navigability arrow），以便表達來源物件使用目的物件。
(2) 目的物件的導航箭號端增加角色名稱。
(3) 省略來源物件的多重性，僅需在目的物件表現多重。
(4) 省略關聯名稱。

4. 加入依賴關係

依賴（dependency）關係是指兩類別之間的「影響」關係，當獨立的一個類別改變時，會影響到依賴的類別。在 UML 中使用依賴來描述全域變數、區域變數和對另一個類別的靜態方法的呼叫執行。為了方便撰寫程式時的了解，如果具備依賴關係，需要使用如圖 3. 所示的虛線箭號表示來源類別建構之物件來源類別依賴於目的類別之物件。

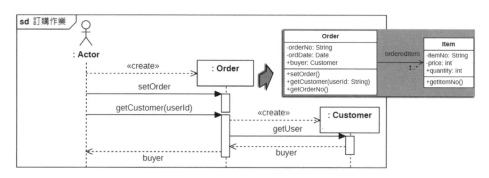

圖 1　對照循序圖加入類別的操作

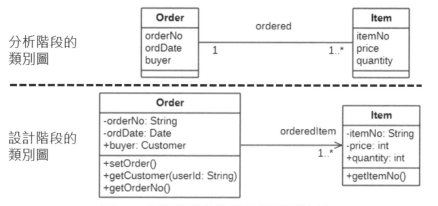

圖 2　分析與設計階段的類別圖比較

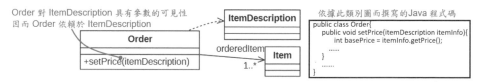

圖 3　類別之間依賴關係的表示

第7章
實作與測試

一、實作階段

7-1 程式語言

1. 選擇物件導向語言

使用物件導向方法開發系統的目的和優點是基於物件導向重用的特性，進而提高軟體的效率、品質與穩定性。因此，除了考量開發團隊成員擅長的程式語言之外，應該優先考量最完善、最能符合表達問題領域語義的物件導向程式語言。除此之外，在選擇物件導向程式語言時，還可以考量下列因素：

(1) 對使用者學習物件導向分析、設計和程式撰寫編技術所能提供的教育訓練操作。
(2) 使用該物件導向程式設計語言期間能獲得的技術支援。
(3) 開發人員能夠使用的開發工具、開發平台，設備性能和記憶體的需求。
(4) 整合既有軟體的容易程度。

2. 程式撰寫風格

程式撰寫必須遵循一致的規範，除了考量管理、協同開發的溝通之外，還可達成下列目的：

(1) 提高軟體元件的重用性。
(2) 方便後續的擴充性。
(3) 增加系統的強健性（robust）。

為了有效管理程式內容及考量未來維護的容易性，撰寫程式時不僅僅是根據規格撰寫程式，還需要注意程式的簡潔與風格一致性。許多資訊系統要解決的問題如果很複雜，程式當然就會相對很複雜。但還是需要儘量保持簡潔性，使得程式較易修改和維護。不管是設計或程式撰寫，建議可以遵循 KISS（keep it simple and stupid）規則。

程式不是自己看得懂就好，還必須能讓團隊其他人員一看就懂。為了符合程式擴充、修改的彈性，甚至在閱讀或除錯（Debug）的過程能夠更為容易，程式撰寫的風格（coding style）就相對重要。程式撰寫的風格可以參考下列原則：

(1) 命名規則：包括類別、物件、屬性、方法，以及變數、常數等宣告，必須有一致的命名規則。（命名規則的介紹請參見下一節）
(2) 程式排版：密密麻麻的程式擠在一起，對閱讀上會感到很吃力，如果將程式敘述搭配區塊、空格與縮格（indent）等排版技巧，對閱讀上就會比較輕鬆：

a. 在程式段落間插入適當空行。

b. 爲單一敘述的程式設立區塊

c. 將個別條件區隔在單獨的一行

例如比較圖 1. 所列，左方是沒有排版的程式；右方是善用區塊、空格與縮格的排版方式，程式相對比較容易閱讀。

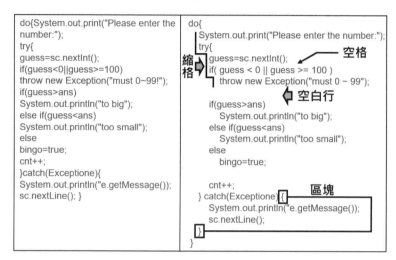

圖 1 善用程式排版讓程式容易閱讀

(3) 避免使用全域變數：全域變數（global variable）容易造成不明確的錯誤，讓程式較難找出錯誤發生的原因。

(4) 限制參數個數和參數型態：程式傳遞參數個數太多和使用複雜的資料型態等，都會造成耦合力的增加。

(5) 善用常數：使用常數來代表一個固定的數值或字串，因爲常數的具名宣告能夠顯示常數的意義，對於程式的可讀性與維護性的幫助很大。

(6) 變數要指定起始值：有些程式語言會自動給定變數起始值，但有些系統則不會。若開始使用時就指定起始值，可以避免因系統預設初值的問題而造成錯誤。

(7) 巢狀迴路不要超過一層：巢狀迴路若超過一層，會造成閱讀上的困難。如果非得超過一層，建議重新思考解決方案。

(8) 繼承不要過多：自己建立的類別繼承盡量不要太多層，可以讓程式比較容易維護。

(9) 確認迴路會結束：撰寫程式經常發生的錯誤是產生無限迴路，造成程式無法正常中止。

7-2 命名規則

　　命名規則（naming convention）是電腦程式設計的原始碼，針對標識符號，如類別、物件、屬性、方法，以及變數、常數等宣告的名稱字串進行定義（即「命名」），而遵循的一系列規則。常見命名規則包括底線式（Underscore）、駝峰式（Camel-case）及匈牙利命名法（Hungarian notation）、通用命名規則（Universal Naming Convention，UNC）等。

(1)底線式：
　　a. 特性：也稱為蛇式（snake case）。當變數或函數名稱是由一個或多個單字連結在一起，而構成唯一識別字時，單字之間使用底線連結，較常見於 GNU/Linux 環境中。例如：string_name、update_at。
　　b. 優點：使用底線取代空格，閱讀上比較直覺易懂。
(2)駝峰式：
　　a. 特性：名稱第一個單字以小寫字母開始，第二個單字的字首大寫。或是每一個單字字首都採用大寫字母。例如：myFirstName、myLastName，看上去就像圖 1. 所示的駱駝峰一樣此起彼伏。
　　b. 優點：可以利用名稱前綴的大小寫，區分變數，以及函數、類別等型態。單字之間使用大寫取代底線，能夠減少名稱的長度。

圖 1　駝峰式命名的名稱就像駝峰般起伏

圖片來源：Bascos, J. (2018, December 4). What is the difference between Pascal Case and Camel Case?, from https://programmingwithjosh.blogspot.com/2018/12/what-is-difference-between-pascal-case.html

(3)匈牙利命名法
　　a. 基於駝峰式的命名基礎，在名稱前綴添加預先約定好的縮寫，代表的是目的或其他提示。例如：strName、nScore，其中 str 表示是字串（String）型態、n 表示是數字（Number）型態。
　　b. 優點：採用容易記憶、容易理解的原則，名稱的前綴代表型態，加上代表用途描述的單字組成，方便直接由名稱辨識型態與使用目的。

匈牙利命名法，是由美國全錄（Xerox）公司的帕羅奧多研究中心（Palo Alto Research Center，PARC）工作，後來任職於微軟首席架構師的 Charles Simonyi 所發明[註1]。此命名法在微軟公司內部被廣泛使用，因為前綴看起來像是某種非英語語言編寫的，而且 Charles Simonyi 來自於匈牙利，所以就稱為匈牙利命名法。

(4) 通用命名規則

　　a. 特性：通用命名規則和匈牙利命名法雷同，延伸涵蓋檔案、名稱空間、列舉型態、巨集等命名的規範。

　　b. 優點：符合現今物件導向開發程式與軟體的命名需求。

因為 C++ 是 Google 大部分開源專案的主要程式撰寫語言，所以通用命名規則源自於 Google 的 C++ 風格指南，作為 Google 主導的開源專案所遵循的命名方式。

通用命名規則除了和匈牙利命名法雷同。基本規則如下：

a. 檔名：名稱要全部小寫，可以包含底線 (_) 或連字符號 (-)。

b. 型態：名稱的每個單字字首大寫，不包含底線。例如：MySchoolClass。

c. 變數：名稱一律小寫，單字之間以底線連接。屬性以底線結尾，但如果型態是結構則不用。例如：a_local_variable、a_class_attribute_number_。

d. 常數：全域或類別內的常數名稱前加「k」，其餘每個單字字首均大寫。例如：: kDaysOfAWeek。

e. 一般函數：名稱的每個單詞字首大寫，沒有底線。傳遞的參數則要求與變數命名方式相同。例如：GetScoreAverageFunction()。

f. 存取（accessor）與修改（mutator）函數：使用小寫字母，單詞之間以底線相連。例如：void set_num_entries(int num_entries){ … }。

g. 名稱空間：使用小寫，並基於專案名稱和目錄結構。例如：google_new_project。

h. 列舉、常數、巨集：名稱全部大寫，單字之間以底線連結。例如：MY_MESSAGE_BOX。

命名規則只有原則，沒有強制的規範，具有隨意性，但至少符合三個基本要求：一致性、要有描述性、少用縮寫。盡可能給有描述性的命名，不要用只有專案開發者能理解的縮寫，除非是廣泛運用慣例的縮寫。

[註1]　Simonyi, C. (1999). Hungarian notation. *MSDN Library, November*.

7-3 註解

在程式碼中，使用註解的目的不僅是為了溝通，也是確保程式的可讀性。如圖 1.所示，不同程式語言各有不同的的註解符號，但都有共同的特性，就是：註解是給人看的，對編譯器會隱藏註解內容的意義，也就是執行時電腦會完全忽略註解的內容。

```
Fortran、BASIC        ! 單行註解
Pascal                // 單行註解
                      (* 多行註解 *)
                      { 多行註解 }

COBOL                 * 單行註解

C 家族(C++, Java...)
                      // 單行註解
                      /* 區域註解 */

Python                # 單行註解
                      ''' 多行註解 '''

HTML                  <!-- 區域註解 -->

SQL                   --單行註解
                      /* 區域註解 */
```

圖 1　不同程式語言使用註解的符號

依據溝通、說明或標註等不同的目的，註解大致可以區分程下列類型：

(1) 文件註解：每一個程式檔案的開頭描述版權、內容、版本等說明資訊。

(2) 類別註解：描述類別的功能和用法。

(3) 函數註解：於宣告處描述函數的功能；於定義處描述函數的實作方式。

(4) 變數註解：如果名稱無法明確表達用途或是限制等情況，可藉由註解提供額外的說明。

(5) 實作註解：提供程式中特殊演算法，或任何重要的程式邏輯加以說明。

(6) 待辦註解：對那些臨時的、短期的解決方案、已經完成但仍不完美，或預留下階段再撰寫的程式使用的待辦（to-do-list）註解。

(7) 澄清（clarification）註解：類似待辦註解，用來提示程式碼可能需要維護、重構或擴充的資訊。通常是認為程式碼撰寫的過於雜亂，而提供給後續程式人員進行簡化的說明。

(8) 棄用註解：透過註解標示範圍內的程式碼，電腦並不會執行。如還須保留程式碼，卻又暫時不要執行，則可以使用註解方式達成，並在區域內說明棄用的原因。利用註解來除錯程式，是設計師常用的技巧之一。藉由註解暫時棄用部分程式碼，讓程式設計師通過該方式，找出造成執行錯誤的程式碼。

使用註解的時機是一個備受爭論的議題，存在各種不同的觀點，有時甚至觀點是完全相反。註解的寫法也是一樣，完全沒有既定的規範。在撰寫註解時，至少要能注意下列 3 點：

(1) 雖然電腦執行時忽略註解內容，但需要將註解視為是程式的一部分，而非獨立於程式碼之外的組成。

(2) 註解需要維護：如果程式變更，註解可能會失去原有的意義，所以一定要隨著程式的修改而更新註解。

(3) 自己寫的註解不是只為自己存在的：註解是為了以後，所有會使用到此程式碼的人員而提供的；註解也是為了讓爾後，所有要瞭解此程式碼的設計而服務的。

對於註解的意義與撰寫的時機，雖然有許多不同說法。但是，註解仍有其重要性。最後，總結使用註解的要點如下：

(1) 每一個類別和方法要有簡短說明。

(2) 要說明參數所代表的意義和使用方式。

(3) 第一次使用的變數要說明。

(4) 以 why，而非 what 角度撰寫註解。

(5) 註解適當即可，過多註解比沒註解還要差。

"I can always figure out the what, if I look at the code long enough. But the context of 'why' is lost forever unless written down"

圖 2　要以 why 而非 what 角度撰寫註解的雋語

（圖片來源：Kelly, S. (2016, October 25). *Comments: Why not What.*, from https://pt.slideshare.net/StabbyCutyou/comments-why-not-what）

7-4 強健的程式實作

1. 類別的實作

在系統開發過程中，類別的實作是最核心的工作。使用物件導向語言所撰寫的系統中，所有的資料都被封裝在類別的實例中。程式流程則是被封裝在一個更高層的類別中。開發的方式可以是先開發一個比較小或簡單的類別，再作為開發比較大或複雜類別的基礎，如此應用物件導向繼承與封裝的開發技巧，逐步完成整體系統開發。物件導向程式類別重用的特性，可以有下列實作的情況：

(1) 原封不動的重用：如果是長期進行開發的作業，許多核心使用的類別，尤其是系統管理類別，例如使用者帳號的作業、系統日誌、權限處理、編輯功能、搜尋引擎的關鍵字索引產生等。如果最初的設計符合物件導向精神，經過長期的應用，基本都相當穩定，可以直接導入到新開發的系統使用。

(2) 進化性重用：可能不存在能夠完全符合系統目標要求的類別，需要部分修改或反覆地優化。

(3) 重新開發：不重用原先的類別，而開發一個新的類別。

(4) 例外處理：一個類別應是自主的、有專責目標，並能適時拋出例外。雖然原則是直接重用，但基於系統的需求，而擴充例外訊息的處理的範圍。

2. 使用者介面的彈性

(1) 網頁介面：傳統對於網頁呈現的解決方案是在電腦版本之外，另外再設計手機版或平板的網頁。若內容要維護時，就需要同時維護多個不同平台的網頁內容。相同平台，但不同廠商的產品，也會有解析度的差異，而造成使用者介面難以正確呈現的狀況。因此，能夠依據不同螢幕的大小或解析度差異，而自動調整網頁圖文內容的技術便因應而生。

　　a. 響應式網頁設計（Responsive Web Design，RWD）：應用 CSS 技術，在使用者端偵測螢幕尺寸，來決定呈現網頁版面的方式。

　　b. 適應網頁設計（Adaptive Web Design，AWD）：和 RWD 以一套 CSS style 通用於各裝置的方式不同，AWD 是針對裝置對應獨立的 CSS，可以有多套 CSS。因為 AWD 有明確判斷使用者裝置的步驟，比較適合使用者平台不定且種類多元的環境。

(2) 代碼：例如學歷使用 P 代表小學；J 代表中學；S 代表高中。善用代碼的運用，可以減化系統運作的複雜度。包括：

　　a. 減少資料的體積：因為資料以代碼取代原始文字字串，因此在儲存、傳

輸上都會減少負荷。

b. 加快資料的處理：資料輸入可以依據代碼自動以選單式選擇，或逐行輸入代碼方式，加快資料建檔速度，並可避免資料建檔錯誤的風險。

c. 確保資料的一致：透過代碼的使用，再對應到實際的文字字串，使用所有相同代碼的資料完全一致。

(3) 訊息：適度將呈現的內容，包括顯示訊息與錯誤訊息以如圖 1 所示的外部訊息方式處理。顯示訊息獨立於程式之外，提供系統呈現介面的彈性，除了可適度提供不同的語文介面，更改介面訊息或版面時，只需變更資料庫內的版面或顯示訊息資料，即可在不須變更程式之下達成。

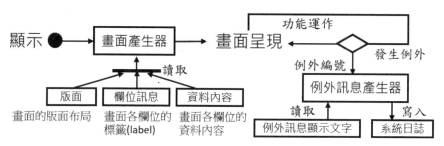

圖 1　顯示訊息獨立於程式之外，提供系統呈現介面的彈性

3. 系統的強健性

系統運作時，使用者的操作很可能會發生與原定流程完全不同的程序。因此，程式必須具備完整的邏輯檢查與防呆機制，避免不必要的問題。有些程式語言具備嚴謹的宣告與存取限制，有些則無。如何寫出具備強健性的（robust）穩定程式，可參考下列原則：

(1) 輸入檢查：對於輸入資料必須進行確實的檢查，包括資料的型態、格式、長度或範圍，以及必備欄位的資料是否存在等。

(2) 例外處理：除了程式中能預先考量各種可能發生錯誤的情況之外，還可能發生非預期的執行時期錯誤（run-time error），例如陣列超過宣告的數量、記憶體溢位、網路斷訊、數值除以零的運算錯誤等，都要具備適當的例外處理機制。

(3) 系統日誌：系統應該具備完整規劃與設計的的日誌（log），紀錄系統使用硬體、軟體發生問題之訊息，以及系統運作之各種事件。系統資料毀損的修復還原，以及統計分析等，都可以藉由日誌內的資訊獲得妥善的處理。

二、測試階段

7-5 測試

　　系統開發的軟體測試，是用來確認（verification）和驗證（validation）軟體的正確性、完整性、安全性和品質保證的過程。

(1) 確認：確定開發的系統完全符合原先所訂定的規格。

(2) 驗證：是驗證系統能否正確無誤地執行，並和環境或其他系統搭配。

　　如圖 1. 所示，測試工作分為功能性測試（functional testing）與非功能性測試（non-functional testing）兩大類。

　　測試工作是系統開發中很重要的工作，而且測試工作需要耗費許多的人力與資源，如圖 2. 所示，需要規劃撰寫完整的測試計畫。

　　依照測試的性質，測試又可分為黑箱（black box）、白箱（white box）和灰箱（gray box）、煙霧測試、alpha 測試、beta 測試、公共測試、封閉測試等方式。

(1) 黑箱測試：測試時不需要知道程式的邏輯與結構，只需要測試程式的執行結果是否和規格一致，也就是將程式看成是一個黑箱。

(2) 白箱測試：測試軟體程式內部的邏輯與結構，因為要清楚知道程式的內容結構，因此稱為白箱測試。

(3) 灰箱測試：介於白箱與黑箱測試之間的方式。灰箱測試除了關注輸出對於輸入的正確性外，同時也關注內部運作的處理流程與功能執行的狀況，但不如白箱測試那樣詳細和完整。

(4) 煙霧測試：也稱為建構驗證（build verification）測試。「煙霧測試」一詞源自硬體業，只開啟單一設備的電源，如果機器沒冒煙，代表該設備基本功能沒有問題，之後被微軟採用作為軟體測試的方式。煙霧測試是一種非詳盡的測試方式，只確定最關鍵功能是否有效，但不深入測試細節。通常是在系統建置之後和發布之前的初步測試。

(5) Alpha 測試：Alpha 是希臘字母中的第一個字母 α，表示系統開發釋出周期中的第一個版本，其功能尚未完善。通常是由開發團隊的成員或合作夥伴作內部測試。Alpha 測試通常進行白箱測試，部份其他測試可能會在之後由其他測試團體以黑箱或灰箱方式進行。

(6) Beta 版本是最早對外公開的軟體版本，由實際使用者參與測試。因為是 Alpha 的下一個階段，所以使用希臘第二個字母 β 表示。

(7) 封閉測試與公共測試：簡稱封測與公測，通常是應用在遊戲領域軟體開發的測試方式。

a. 封測：軟體開發完成前的封閉測試階段，限量人員才能進行使用的測試方式，通常以技術性測試為主。

b. 公測：一般是在封測後，根據使用者的反映修正，進行開放使用的測試方式。通常允許使用者註冊賬號，資料予以保留，公測完成系統修正後進入正式運營。

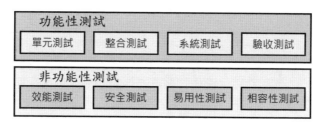

圖 1　測試類型

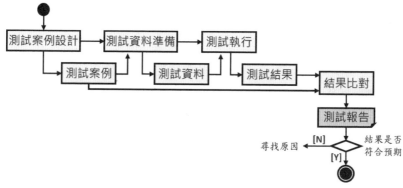

圖 2　測試計畫執行內容

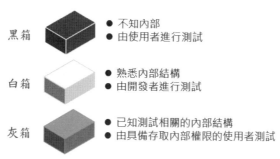

圖 3　黑箱、白箱與灰箱測試比較

7-6 功能性測試

　　功能性測試是檢驗開發的軟體功能是否符合設計目標的測試工作，這項工作是實作程序的一部分。內容包括撰寫測試計畫，進行如圖 1. 所示的單元、整合、系統和相容性等測試。測試和系統開發有密切關係，如圖 2. 所示，各項功能性測試對應於軟體開發生命週期（SDLC）的階段目標。

1. 單元測試

　　單元測試屬於白箱測試，測試者必須知道程式的內容細節。主要是以程式碼的最小單位進行，測試類別、操作等個別元件的路徑或是每行程式敘述。測試通常使用下列方式進行：

(1) 敘述覆蓋法（statement coverage）：受測程式所有敘述至少執行一次。

(2) 條件覆蓋法（condition coverage）：受測程式的所有條件的真偽至少執行一次。

(3) 決策覆蓋法（decision coverage）：受測程式所有決策路徑至少執行過一次。

　　單元測試時，由於類別與其操作並不能單獨執行，所以必須製作一個暫時的主程式（driver）呼叫被測試的類別或操作，並傳送訊息。

2. 整合測試

　　整合測試是在單元測試完成後，將幾個類別或元件組合起來測試，確保元件間的互動行為正確無誤。整合測試希望能找出在單元測試無法找出的錯誤，這些可能的錯誤或許發生在連結的環節，例如：介面的呼叫、參數訊息的傳遞；或是點對點（end-to-end）的整合，例如檔案重複開啟、資料重複鎖定等協同處理問題。

3. 系統測試

　　整合測試完成後就需要進行系統的整體測試。此時需要依照原有的規格，設計測試案例與準備測試資料進行測試，找出程式和規格中間的差異，確保系統的功能可依照使用者需求正確無誤地執行。系統測試是以黑箱測試方式進行，常見的方式包括：

(1) 等價類別劃分法（equivalence class partitioning，ECP）：將每個元件所有可能的輸入劃分成若干部分，然後從每一部分中選取一個具有代表性的資料，做為測試案例的輸入。就每一個部分而言，其當中任何一個輸入資料對於發現程式中的錯誤都是等效的。等價類別劃分法能明顯減少測試案例的數量，並又有足夠的測試覆蓋率。

(2)邊界值分析（boundary-value analysis，BVA）：先依據需求文件分析獲得受測元件的輸入和輸出值域。再將值域劃分為多個有序並確定邊界的集合來設計測試案例。因此，邊界值就是指用來界定各個有序集合之間的邊界點。BVA 適合用來偵測程式是否具備下列錯誤：a. 人為造成的錯誤資料型態、b. 指定錯誤的關係運算子、c. 資料型態的封裝、d. 迴圈結構的問題、e. 差一錯誤 (off-by-one-errors)。

(3)因果圖（cause-effect graphing，CEG）

CEG 改善 ECP 和 BVA 無法將輸入的條件組合，也無法明確連結輸出結果的缺點，將多個受測元件之間因果（Cause and Effect）關係的邏輯組合，每一個原因被表示為包含邏輯真 / 假的輸入或輸出組合的條件，每一個結果被表示為包含輸出或輸出組合的布林值。

CEG 包括如圖 3. 所示的四種符號，畫出輸入條件和輸出結果的關係，設計測試個案時就可以依照這些關係來進行，可以充分地設計出有效的測試個案。

4. 驗收測試

驗收測試（acceptance testing）測試系統和原先使用需求是否一致，是從使用者的角度來檢視，系統是否能正常運作。所以測試是由實際的使用者來主導，並搭配有經驗的測試人員與開發人員輔助撰寫測試案例。由於驗收測試涉及到使用者是否接受最後開發完成的系統，所以接受測試的項目通常會詳列在最初的需求建議書（Request for Proposal，RFP）中。測試時所有軟體均加以測試其表現的性能，例如：正確性、方便性、規格及其限制條件等相關資訊均應記錄，提供是否可以驗收、後續使用及維護的參考。

圖 1　功能性測試

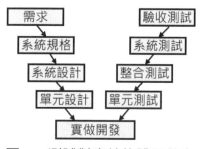
圖 2　測試對應於軟體開發生命週期的階段

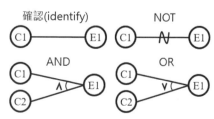
圖 3　因果圖使用的符號

7-7 非功能性測試

功能測試根據需求進行功能上的測試，而非功能測試則是針對更廣泛的品質問題進行測試，通常是依據客戶的期望和效能要求進行。功能與非功能測試兩者主要差異在於需求之間的區別：

(1) 功能需求：系統的行為或執行。

(2) 非功能性需求：系統的性能或可用性。

因此，功能性測試檢查系統內部功能的正確性，而非功能性測試檢查系統運作的能力。ISO/IEC 25010:20 制定完整的系統軟體品質規範，不過範圍過於廣泛，且對於商業資訊系統的開發有時程與成本的考量，很難全面兼顧。因此，常見的非功能性測試包括下列類型：

1. 效能測試

效能測試主要包括壓力測試、負載測試和容量測試三種。容量測試針對資料庫而言，是在資料庫中有較大數量的資料記錄情況下對系統進行的測試。

(1) 壓力測試：在一定的負荷條件下，給予系統會承受額外的工作負載，長時間連續執行，以檢查其是否有效執行並能夠按要求處理的壓力變化。目的是發現系統效能的變化情形，並找出系統瓶頸所在。

(2) 負載測試：在一定的工作負荷下，資料在超量環境中執行，給系統造成的負荷及系統回應的時間，檢驗系統能否承擔。

(3) 容量測試：確認系統能承受的最大資料容量（資料儲存），通常和資料庫與記憶體有關。容量和負載的區別在於：容量關注的是容量大小，而不在意實際使用的效能。

2. 安全測試

包括各類資訊安全的檢驗，例如：弱密碼防護、病毒掃描、軟體原始碼的安全檢測、軟體漏洞與弱點掃描、風險評估、網際網路和網站安全測試、滲透測試等。滲透測試的方式是模擬駭客可能會入侵的手法來檢測系統、網站的安全性。如圖 2. 所示，可以依據不同的強度考量實施測試，確保系統防護的層級，並也可藉由測試結果提出弱點補強的建議。

3. 易用性測試

依據 ISO 9241 的定義，易用性（Usability）是指產品在特定的情境（context）下為特定的使用者使用，包括軟體人機工學、視覺介面、訊息呈現原則、互動回應等，所具有之有效性（effectiveness）、效率（efficiency）與

滿意度（satisfaction）。易用性測試即是測試有效性、效率與滿意度三項的程度。

易用性測試的執行方式、流程有非常多種變化，主要是藉由使用者實際使用，觀察並記錄整個使用過程的方式，評估是否有下列問題發生。測試完成後再依問題解決的難易程度，擬定解決的優先順序：

(1) 有效性問題：使用者無法完成任務或應執行的作業。

(2) 效率問題：使用者不能在期望的時間內完成任務。

(3) 滿意度問題：使用者完成任務過程感到不確定、不安或不愉快。

4. 相容性測試

相容性（Compatibility）測試，在某一特定環境下，確定開發的系統是否可於其他軟、硬體配合並正確運作的檢驗。例如：不同伺服器主機、不同作業系統平台、系統與第三方軟體元件不同版本之間、印表機等各類型號或廠牌之外接設備、各種瀏覽器、不同螢幕解析度等。或是資料、檔案、程式是否能與其他系統共用或互通等。

圖 1　非功能性測試

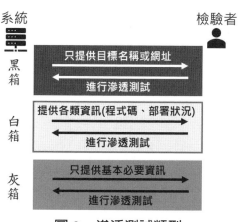

圖 2　滲透測試類型

附錄 A
UML 工具軟體

本書採用 StarUML 作為 UML 建模的工具軟體，具備 UML 最新版本完整的建模工具，並支援 Windows、MacOS 及 Linux 三種作業系統平台。透過擴充功能，StarUML 也能支援正向與逆向工程，能夠藉由 UML 視圖自動產生 Java 的「stub code」，以及將 Java 程式逆向產生相應的 UML 視圖。

StarUML 最初是基於開源，遵循自由軟體 GNU 公共授權（General Public License，GPL）協議，免費提供下載使用。雖然 StarUML 後來轉型為付費的跨平台 UML 工具軟體，但提供無限期試用的使用方式，只需在開啟或關閉檔案時選點如圖 1. 所示的評估（evaluate）按鈕，即可使用所有完整的功能，非常方便作為學習 UML 的主要工具。官網相關資訊如下：

(1) 官網首頁：https://staruml.io/
(2) 下載網頁：https://staruml.io/download
(3) 功能指引文件：https://docs.staruml.io/

功能指引文件的內容，涵蓋軟體操作說明、UML 所有視圖建模、擴充外掛等說明與介紹，非常詳細與完整。StarUML 工具軟體執行的編輯環境顯示如圖 2. 所示的視窗畫面。每一專案允許涵蓋任意數量的視圖。視圖繪製的操作，請參見功能指引文件說明。

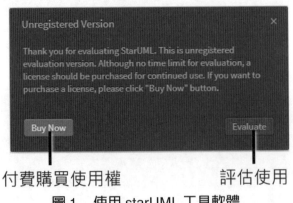

付費購買使用權　　　　　評估使用

圖 1　使用 starUML 工具軟體

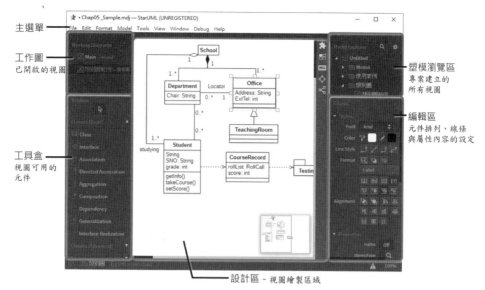

主選單
工作圖
已開啟的視圖
工具盒
視圖可用的
元件
塑模瀏覽區
專案建立的
所有視圖
編輯區
元件排列、線條
與屬性內容的設定

設計區－視圖繪製區域

圖2　StarUML 編輯環境

國家圖書館出版品預行編目資料

圖解UML系統分析與設計/余顯強作. -- 初版.
-- 臺北市 : 五南圖書出版股份有限公司,
2022.10
　面； 公分
ISBN 978-626-343-391-5(平裝)

1.CST: 物件導向 2.CST: 軟體研發

312.2   111014871

5R38

圖解UML系統分析與設計

作　　者 ― 余顯強（53.91）

發 行 人 ― 楊榮川

總 經 理 ― 楊士清

總 編 輯 ― 楊秀麗

副總編輯 ― 王正華

責任編輯 ― 張維文

封面設計 ― 王麗娟

出 版 者 ― 五南圖書出版股份有限公司

地　　址：106台北市大安區和平東路二段339號4樓

電　　話：(02)2705-5066　　傳　　真：(02)2706-6100

網　　址：https://www.wunan.com.tw

電子郵件：wunan@wunan.com.tw

劃撥帳號：01068953

戶　　名：五南圖書出版股份有限公司

法律顧問　林勝安律師事務所　林勝安律師

出版日期　2022年10月初版一刷

定　　價　新臺幣350元

經典永恆・名著常在

五十週年的獻禮——經典名著文庫

五南，五十年了，半個世紀，人生旅程的一大半，走過來了。

思索著，邁向百年的未來歷程，能為知識界、文化學術界作些什麼？

在速食文化的生態下，有什麼值得讓人雋永品味的？

歷代經典・當今名著，經過時間的洗禮，千錘百鍊，流傳至今，光芒耀人；

不僅使我們能領悟前人的智慧，同時也增深加廣我們思考的深度與視野。

我們決心投入巨資，有計畫的系統梳選，成立「經典名著文庫」，

希望收入古今中外思想性的、充滿睿智與獨見的經典、名著。

這是一項理想性的、永續性的巨大出版工程。

不在意讀者的眾寡，只考慮它的學術價值，力求完整展現先哲思想的軌跡；

為知識界開啟一片智慧之窗，營造一座百花綻放的世界文明公園，

任君遨遊、取菁吸蜜、嘉惠學子！